HITE 6.0
培养体系

HITE 6.0全称厚溥信息技术工程师培养体系第6版,是武汉厚溥企业集团推出的"厚溥信息技术工程师培养体系",其宗旨是培养适合企业需求的IT工程师,该体系被国家工业和信息化部人才交流中心鉴定为国家级计算机人才评定体系,凡通过HITE课程学习成绩合格的学生将获得国家工业和信息化部颁发的"全国计算机专业人才证书",该体系教材由清华大学出版社全面出版。

HITE 6.0是厚溥最新的职业教育课程体系,该职业体系旨在培养移动互联网开发工程师、智能应用开发工程师、企业信息化应用工程师、网络营销技术工程师等。它的独特之处在于每年都要根据技术的发展进行课程的更新。在确定HITE课程体系之前,厚溥技术中心专业研究员在IT领域和一些非IT公司中进行了广泛的行业调查,以了解他们在目前和将来的工作中会用到的数据库系统、前端开发工具和软件包等应用程序,每个产品系列均以培养符合企业需求的软件工程师为目标而设计。在设计之前,研究员对IT行业的岗位序列做了充分的调研,包括研究从业人员技术方向、项目经验和职业素质等方面的需求,通过对所面向学生的自身特点、行业需求的现状以及项目实施等方面的详细分析,结合厚溥对软件人才培养模式的认知,按照软件专业总体定位要求,进行软件专业产品课程体系设计。该体系集应用软件知识和多领域的实践项目于一体,着重培养学生的熟练度、规范性、集成和项目能力,从而达到预定的培养目标。整个体系基于ECDIO工程教育课程体系开发技术,可以全面提升学生的价值和学习体验。

一、移动互联网开发工程师

在移动终端市场竞争下,为赢得更多用户的青睐,许多移动互联网企业将目光瞄准在应用程序创新上。如何开发出用户喜欢,并能带来巨大利润的应用软件,成为企业思考的问题,然而这一切都需要移动互联网开发工程师来实现。移动互联网开发工程师成为求职市场的宠儿,不仅薪资待遇高,福利好,更有着广阔的发展前景,倍受企业重视。

移动互联网企业对Android和Java开发工程师需求如下:

已选条件:	Java(职位名)	Android(职位名)
共计职位:	共51014条职位	共18469条职位

1. 职业规划发展路线

Android				
★	★★	★★★	★★★★	★★★★★
初级Android 开发工程师	Android 开发工程师	高级Android 开发工程师	Android 开发经理	移动开发 技术总监
Java				
★	★★	★★★	★★★★	★★★★★
初级Java 开发工程师	Java 开发工程师	高级Java 开发工程师	Java 开发经理	技术总监

2. 素质能力提升路径

1 大学生	2 大学生活	3 学习习惯	4 职业目标	5 沟通表达	6 自我管理
12 准职业人	11 职业路线	10 求职技能	9 就业意识	8 融入团队	7 形象礼仪

3. 专业技能提升路径

1 大学生	2 计算机基础	3 编程基础	4 软件工程	5 数据库	6 网站技术
12 准职业人	11 产品规划	10 项目技能	9 高级应用	8 APP开发	7 基础应用

4. 项目介绍

(1) 酒店点餐助手

(2) 音乐播放器

二、智能应用开发工程师

随着物联网技术的高速发展，我们生活的整个社会智能化程度将越来越高。在不久的将来，物联网技术必将引起我国社会信息的重大变革，与社会相关的各类应用将显著提升整个社会的信息化和智能化水平，进一步增强服务社会的能力，从而不断提升我国的综合竞争力。智能应用开发工程师未来将成为热门岗位。

智能应用企业每天对.NET开发工程师需求约15957个岗位(数据来自51job):

已选条件：	.NET(职位名)
共计职位：	共15957条职位

1. 职业规划发展路线

★	★★	★★★	★★★★	★★★★★
初级.NET 开发工程师	.NET 开发工程师	高级.NET 开发工程师	.NET 开发经理	技术总监
★	★★	★★★	★★★★	★★★★★
初级 开发工程师	智能应用 开发工程师	高级 开发工程师	开发经理	技术总监

2. 素质能力提升路径

1 大学生	2 大学生活	3 学习习惯	4 职业目标	5 沟通表达	6 自我管理
12 准职业人	11 职业路线	10 求职技能	9 就业意识	8 融入团队	7 形象礼仪

3. 专业技能提升路径

1 大学生	2 计算机基础	3 编程基础	4 软件工程	5 数据库	6 网站技术
12 准职业人	11 产品规划	10 项目技能	9 高级应用	8 智能开发	7 基础应用

4. 项目介绍

(1) 酒店管理系统

(2) 学生在线学习系统

三、企业信息化应用工程师

当前，世界各国信息化快速发展，信息技术的应用促进了全球资源的优化配置和发展模式创新，互联网对政治、经济、社会和文化的影响更加深刻，围绕信息获取、利用和控制的国际竞争日趋激烈。企业信息化是经济信息化的重要组成部分。

IT企业每天对企业信息化应用工程师需求约11248个岗位（数据来自51job）：

已选条件：	ERP实施(职位名)
共计职位：	共11248条职位

1. 职业规划发展路线

初级实施工程师	实施工程师	高级实施工程师	实施总监
信息化专员	信息化主管	信息化经理	信息化总监

2. 素质能力提升路径

1 大学生	2 大学生活	3 学习习惯	4 职业目标	5 沟通表达	6 自我管理
12 准职业人	11 职业路线	10 求职技能	9 就业意识	8 融入团队	7 形象礼仪

3. 专业技能提升路径

1 大学生	2 计算机基础	3 编程基础	4 软件工程	5 数据库	6 网站技术
12 准职业人	11 产品规划	10 项目技能	9 高级应用	8 实施技能	7 基础应用

4. 项目介绍

(1) 金蝶K3

(2) 用友U8

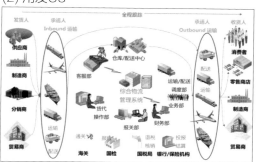

四、网络营销技术工程师

在信息网络时代，网络技术的发展和应用改变了信息的分配和接收方式，改变了人们生活、工作、学习、合作和交流的环境，企业也必须积极利用新技术变革企业经营理念、经营组织、经营方式和经营方法，搭上技术发展的快车，促进企业飞速发展。网络营销是适应网络技术发展与信息网络时代社会变革的新生事物，必将成为跨世纪的营销策略。

互联网企业每天对网络营销工程师需求约47956个岗位(数据来自51job)：

已选条件：	网络推广SEO(职位名)
共计职位：	共47956条职位

1. 职业规划发展路线

网络推广专员	网络推广主管	网络推广经理	网络推广总监
网络运营专员	网络运营主管	网络运营经理	网络运营总监

2. 素质能力提升路径

1 大学生	2 大学生活	3 学习习惯	4 职业目标	5 沟通表达	6 自我管理
12 准职业人	11 职业路线	10 求职技能	9 就业意识	8 融入团队	7 形象礼仪

3. 专业技能提升路径

1 大学生	2 计算机基础	3 编程基础	4 网站建设	5 数据库	6 网站技术
12 准职业人	11 产品规划	10 项目实战	9 电商运营	8 网络推广	7 网站SEO

4. 项目介绍

(1) 品牌手表营销网站

(2) 影院销售网站

HITE 6.0 软件开发与应用工程师

工信部国家级计算机人才评定体系

使用 WinForm 开发桌面应用程序

武汉厚溥教育科技有限公司　编著

清华大学出版社
北京

内容简介

本书按照高等院校、高职高专计算机课程基本要求,以案例驱动的形式来组织内容,突出计算机课程的实践性特点。本书共包括9个单元:WinForm 基础、WinForm 界面控件、WinForm 内容控件、多文档窗体及控件布局、应用 ADO.NET 操作数据、DataSet 和适配器、DataGridView 控件、三层架构的应用以及面向对象实现三层架构。

本书内容安排合理,层次清晰,通俗易懂,实例丰富,突出理论与实践的结合,可作为各类高等院校、高职高专及培训机构的教材,也可供广大 Windows 程序设计人员参考。

本书封面贴有清华大学出版社防伪标签,无标签者不得销售。
版权所有,侵权必究。举报: 010-62782989,beiqinquan@tup.tsinghua.edu.cn。

图书在版编目(CIP)数据

使用 WinForm 开发桌面应用程序 / 武汉厚溥教育科技有限公司 编著. —北京:清华大学出版社, 2019 (2024.9重印)
(HITE 6.0 软件开发与应用工程师)
ISBN 978-7-302-52640-7

Ⅰ. ①使… Ⅱ. ①武… Ⅲ. ①Windows 操作系统—程序设计 Ⅳ. ①TP316.7

中国版本图书馆 CIP 数据核字(2019)第 046896 号

责任编辑:刘金喜
封面设计:贾银龙
版式设计:妙思品位
责任校对:成凤进
责任印制:刘海龙

出版发行:清华大学出版社
网　　址:https://www.tup.com.cn, https://www.wqxuetang.com
地　　址:北京清华大学学研大厦 A 座　　邮　编:100084
社 总 机:010-83470000　　邮　购:010-62786544
投稿与读者服务:010-62776969,c-service@tup.tsinghua.edu.cn
质 量 反 馈:010-62772015,zhiliang@tup.tsinghua.edu.cn

印 装 者:北京嘉实印刷有限公司
经　　销:全国新华书店
开　　本:185mm×260mm　　印　张:15.75　　插　页:2　　字　数:373 千字
版　　次:2019 年 4 月第 1 版　　印　次:2024 年 9 月第 5 次印刷
定　　价:69.00 元

产品编号:082678-01

编委会

主　编：

　　翁高飞　龙　超

副主编：

　　郝丽波　宋　洋　李红日　廖　坚

编　委：

　　陈　勇　姜华林　张晓东　朱洪莉
　　梁日荣　徐　向　杨　锦　杨　洋

主　审：

　　蔡育龙　张江城

前言

　　Visual C#是微软公司.NET FrameWork 框架中的一个重要组成部分，也是微软公司极力推荐的新一代程序开发语言。WinForm 是.NET 开发平台中对 Windows Form 的一种称谓，.NET 为开发 WinForm 应用程序提供了丰富的 Class Library(类库)。这些 WinForm 类库支持快速应用程序开发，并被封装在一个命名空间之中，这个命名空间就是 System.Windows.Forms。在此命名空间中定义了许多类，在开发基于.NET 的 GUI 应用程序时，就是通过继承和扩展这些类使得我们的程序有着多样的用户界面。

　　本书是"工信部国家级计算机人才评定体系"中的一本专业教材。"工信部国家级计算机人才评定体系"是由武汉厚溥教育科技有限公司开发，以培养符合企业需求的软件工程师为目标的 IT 职业教育体系。在开发该体系之前，我们对 IT 行业的岗位序列做了充分的调研，包括研究从业人员技术方向、项目经验和职业素养等方面的需求，通过对所面向学生的特点、行业需求的现状以及项目实施等方面的详细分析，结合我公司对软件人才培养模式的认知，按照软件专业总体定位要求，进行软件专业产品课程体系设计。该体系集应用软件知识和多领域的实践项目于一体，着重培养学生的熟练度、规范性、集成和项目能力，从而达到预定的培养目标。

　　本书共包括 9 个单元：WinForm 基础、WinForm 界面控件、WinForm 内容控件、多文档窗体及控件布局、应用 ADO.NET 操作数据、DataSet 和适配器、DataGridView 控件、三层架构的应用以及面向对象实现三层架构。

　　我们对本书的编写体系做了精心的设计，按照"理论学习—知识总结—上机操作—课后习题"这一思路进行编排。"理论学习"部分描述通过案例要达到的学习目标与涉及的相关知识点，使学习目标更加明确；"知识总结"部分概括案例所涉及的知识点，使知识点完整系统地呈现；"上机操作"部分对案例进行了详尽分析，通过完整的步骤帮助读者快速掌握该案例的操作方法；"课后习题"部分帮助读者理解章节的知识点。本书在内容编写方面，力求细致全面；在文字叙述方面，注意言简意赅、重点突出；在案例选取方面，强调案例的针对性和实用性。

　　本书凝聚了编者多年来的教学经验和成果，可作为各类高等院校、高职高专及培训机构的教材，也可供广大程序设计人员参考。

本书由武汉厚溥教育科技有限公司编著，由翁高飞、龙超、郝丽波、宋洋、李红日、廖坚等多名企业实战项目经理编写。本书编者长期从事项目开发和教学实施，并且对当前高校的教学情况非常熟悉，在编写过程中充分考虑到不同学生的特点和需求，加强了项目实战方面的教学。本书编写过程中，得到了武汉厚溥教育科技有限公司各级领导的大力支持，在此对他们表示衷心的感谢。

参与本书编写的人员还有：贵州装备制造职业学院梁日荣、徐向、杨锦、杨洋，遵义职业技术学院陈勇、姜华林、张晓东、朱洪莉等。

限于编写时间和编者的水平，书中难免存在不足之处，希望广大读者批评指正。

服务邮箱：wkservice@vip.163.com。

编 者
2018 年 10 月

目 录

单元一 WinForm 基础 ·············· 1
  1.1 Windows 窗体 ················ 2
    1.1.1 Windows 窗体及其特点 ········ 2
    1.1.2 创建 Windows 应用程序 ······· 3
    1.1.3 Windows 应用程序的
         文件夹结构 ················ 5
    1.1.4 通过应用程序编辑窗体 ········ 6
    1.1.5 认识窗体重要属性 ·········· 7
  1.2 Windows 窗体基本控件 ·········· 8
    1.2.1 标签(Label) ·············· 8
    1.2.2 文本框(TextBox) ··········· 8
    1.2.3 按钮(Button) ············· 9
    1.2.4 列表框(ListBox) ············ 11
  1.3 使用消息框窗体 ··············· 13
  1.4 多个窗体的使用 ··············· 14
  1.5 综合实例 ··················· 15
    【单元小结】················· 19
    【单元自测】················· 19
    【上机实战】················· 19
    【拓展作业】················· 23

单元二 WinForm 界面控件 ·········· 25
  2.1 菜单 ······················ 26
    2.1.1 菜单概述 ················ 26
    2.1.2 创建菜单栏、菜单项 ········· 27
    2.1.3 响应菜单事件 ············· 28
    2.1.4 上下文菜单 ·············· 30

  2.2 托盘图标 ··················· 32
  2.3 工具栏 ····················· 34
    2.3.1 创建工具栏 ·············· 34
    2.3.2 添加工具项 ·············· 35
  2.4 状态栏 ····················· 36
    2.4.1 创建状态栏 ·············· 36
    2.4.2 添加状态栏项 ············· 37
    【单元小结】················· 38
    【单元自测】················· 38
    【上机实战】················· 39
    【拓展作业】················· 44

单元三 WinForm 内容控件 ·········· 45
  3.1 RadioButton、CheckBox 和
      ComboBox ················· 46
    3.1.1 单选按钮和分组框 ·········· 46
    3.1.2 复选框 CheckBox 控件 ········ 48
    3.1.3 组合框 ComboBox 控件 ······· 49
  3.2 PictureBox、Timer 和
      ImageList 控件 ··············· 50
    3.2.1 图片框控件 ·············· 50
    3.2.2 定时器 Timer 控件 ·········· 50
    3.2.3 图像列表 ················ 51
  3.3 进度条 ProgressBar 控件 ········· 53
  3.4 选项卡 ····················· 54
  3.5 控件布局 ··················· 55
    3.5.1 对控件进行分层 ··········· 55

3.5.2 在窗体中定位控件·············55
3.5.3 改变控件的大小·············56
3.5.4 相对于窗体的边框
固定控件·················56
3.5.5 设置控件的 Tab 键顺序·····56
【单元小结】······················56
【单元自测】······················57
【上机实战】······················57
【拓展作业】······················62

单元四 多文档窗体及控件布局·······63
4.1 MDI 窗体·························64
4.1.1 MDI 窗体概述·············64
4.1.2 编写 MDI 窗体·············65
4.1.3 MDI 窗体布局·············66
4.1.4 MDI 窗体列表·············70
4.2 TreeView 控件····················73
4.3 Splitter 控件和
splitContainer 控件··············76
4.4 Splitter、TreeView
控件综合示例····················76
【单元小结】······················83
【单元自测】······················83
【上机实战】······················83
【拓展作业】······················90

单元五 应用 ADO.NET 操作数据·····91
5.1 ADO.NET·························92
5.1.1 ADO.NET 概述·············92
5.1.2 简单地访问关系数据·····92
5.1.3 可扩展性，支持更多的
数据源·················92
5.1.4 支持多层应用程序·········93
5.1.5 ADO.NET 以 XML 为
基础构建，扩展性强·····93
5.2 .NET Framework 命名空间·····93
5.2.1 .NET Framework 中的数据
和 XML 命名空间·········93

5.2.2 ADO.NET 的结构···········94
5.3 .NET Framework
数据提供程序·····················95
5.3.1 SQL Server .NET Framework
数据提供程序············95
5.3.2 Oracle .NET Framework
数据提供程序············95
5.3.3 OLE DB .NET Framework
数据提供程序············96
5.3.4 ODBC .NET Framework
数据提供程序············96
5.3.5 SQL Server .NET Framework
数据提供程序和
OLE DB .NET Framework
数据提供程序的比较·····96
5.4 .NET Framework 数据提供
程序的核心对象··················97
5.4.1 Connection 对象············97
5.4.2 Command 对象············98
5.4.3 DataReader 对象···········98
5.4.4 DataAdapter 对象··········99
5.5 ADO.NET 对数据库的访问·····99
5.5.1 连接数据库(Connection)····99
5.5.2 执行 SQL 语句(Command)···103
5.6 ADO.NET 中的事务处理······116
5.6.1 事务说明················116
5.6.2 事务构建················117
5.6.3 Transaction 对象·········117
【单元小结】·····················119
【单元自测】·····················119
【上机实战】·····················119
【拓展作业】·····················124

单元六 DataSet 和适配器···········125
6.1 DataSet··························126
6.1.1 DataSet 概述············126
6.1.2 使用 C#代码创建数据集···129
6.1.3 在 DataSet 中检索数据·····132

  6.1.4 DataSet 数据的 XML

     持久化处理 ·················· 136

 6.2 DataAdapter ····················· 138

 6.3 综合演练——

   修改 MDI 日记本 ············ 139

  【单元小结】······················· 144

  【单元自测】······················· 144

  【上机实战】······················· 144

  【拓展作业】······················· 150

单元七 DataGridView 控件 ················ 151

 7.1 DataGridView 控件概述 ········ 152

  7.1.1 DataGridView

     控件的概念 ················ 152

  7.1.2 数据源(DataSource) ····· 153

  7.1.3 在 DataGridView 中添加、

     修改和删除信息 ··········· 157

 7.2 DataGridView 界面自定义 ····· 161

  【单元小结】······················· 164

  【单元自测】······················· 164

  【上机实战】······················· 165

  【拓展作业】······················· 170

单元八 三层架构的应用 ····················· 171

 8.1 分层设计 ·························· 172

 8.2 软件开发的分层 ················· 173

 8.3 三层架构之间的关系——

   数据传递方向 ··················· 174

 8.4 搭建三层架构项目框架 ········ 174

  8.4.1 表示层的搭建 ·············· 175

  8.4.2 业务逻辑层的搭建 ········ 175

  8.4.3 数据访问层的搭建 ········ 175

 8.5 综合案例 ·························· 176

  8.5.1 编写数据访问层代码 ····· 176

  8.5.2 编写业务逻辑层代码 ····· 178

  8.5.3 修改界面层代码 ··········· 184

  【单元小结】······················· 186

  【单元自测】······················· 186

  【上机实战】······················· 186

  【拓展作业】······················· 190

单元九 面向对象实现三层架构 ·········· 191

 9.1 实体类 ····························· 192

  9.1.1 使用实体类的意义 ········ 192

  9.1.2 实体类的概念 ·············· 193

  9.1.3 实体类的作用 ·············· 195

 9.2 使用实体类实现三层架构 ····· 196

  9.2.1 新建实体类 ················· 196

  9.2.2 添加每个层与实体层之间的

     引用关系 ···················· 199

  9.2.3 改造数据访问层 ··········· 200

  9.2.4 改造业务逻辑层 ··········· 233

  【单元小结】······················· 235

  【单元自测】······················· 235

  【上机实战】······················· 235

  【拓展作业】······················· 240

单元一 WinForm 基础

课程目标

- ▶ 了解窗体基础知识和常用属性
- ▶ 熟练使用标签、文本框、按钮控件
- ▶ 掌握列表框控件的使用
- ▶ 学会使用消息框弹出消息
- ▶ 熟练掌握窗体间的链接方法

使用WinForm开发桌面应用程序

简 介

在开始本书学习之前，请读者先学习本系列丛书中的《使用 C#实现面向对象程序设计》，掌握 C#语言的基本语法，了解面向对象的基础语法——类和对象，以及面向对象的三大特点，即封装、继承和多态。在 C#编程技术的学习过程中，我们一直创建的是控制台应用程序，也就是字符控制台界面下的应用程序，从本书开始，我们将要学习如何创建图形用户界面(GUI)程序，也就是常见的 Windows 窗体应用程序。本单元将使我们初步了解 Windows 应用程序的基础知识和一些基本控件的使用。

1.1 Windows 窗体

1.1.1 Windows 窗体及其特点

Windows 窗体，就是我们经常看到的用户界面"窗体"。在使用操作系统时，我们经常通过窗体来进行各种操作和设置，如设置桌面的分辨率大小、颜色、背景图片等，如图 1-1 所示。

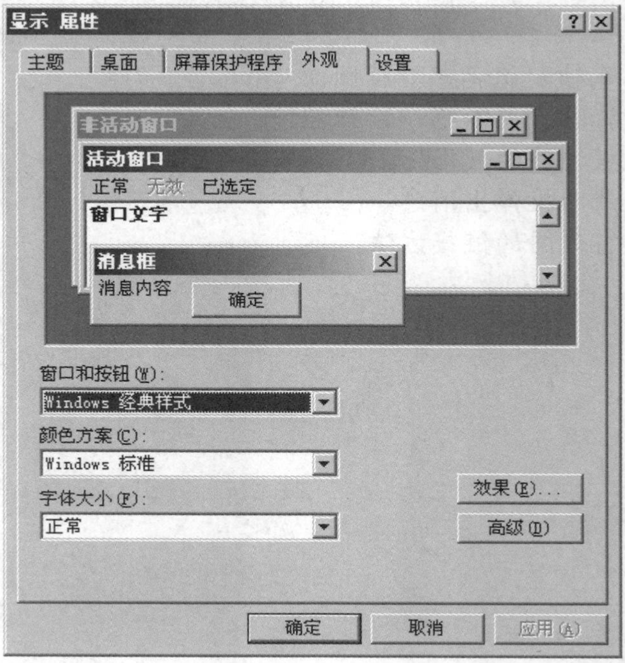

图 1-1

我们在操作计算机时，会经常使用类似这样的"窗体"。正因为有了这些"窗体"，我们操作计算机系统时才会非常简单、方便和灵活。也正因有了 Windows(窗体的复数，直译就是很多窗体的意思)操作系统，才使得纯字符界面的单用户、单任务 DOS 操作系统退出了历史舞台。

我们平时接触到的 Windows 窗体都具有类似的功能，如可以最大化、最小化和关闭等。而且，我们还会发现，窗体上的操作元素也经常重复出现，如信息输入框、按钮、下拉列表框和表格等。

以上都是 GUI(图形用户界面)的元素。对程序设计人员而言，使用.NET Framework 提供的 Windows 窗体以及窗体控件，会让开发 Windows 窗体应用程序非常简单。Windows 窗体也简称为 WinForm，开发人员可以使用 C#的"WinForm 应用程序项目"来创建应用程序的用户界面，编写少量代码就可以提供丰富的功能。

WinForm 应用程序一般都有一个或者多个窗体供用户与应用程序交互。窗体可包含文本框、标签、按钮等控件。一般的 WinForm 应用程序有许多窗体，有的是获得用户输入的数据，有的是向用户显示数据，有的窗体具有变形、透明等特殊效果，让用户不知道它的存在。比如 QQ 中鼠标指针指向一个好友头像时，弹出的悬浮信息就是一个窗体；又比如迅雷或者其他下载工具的悬浮窗，其实也是一个窗体。尽管这两者在外观上与常见的"窗体"不同，但实际上，它们都是同一种东西。

System.Windows.Forms 命名空间中定义了创建 WinForm 应用程序时所需的类。Windows 窗体的一些重要特性如下。

- 简单强大的功能：可以用于设计窗体和可视控件，创建丰富的基于 Windows 的图形界面应用程序。
- 丰富的控件：Windows 窗体提供了一套丰富的控件，并且开发人员可以定义自己有特色的新控件。
- 快捷的数据显示和操作：应用程序开发中最常见的情形之一是在窗体上显示数据。Windows 窗体对数据库处理提供全面支持，能快速访问数据库中的数据，并在窗体上显示和操作数据。(本书重点)

1.1.2 创建 Windows 应用程序

我们现在创建第一个 Windows 应用程序，用 C#创建应用程序的步骤如下。

(1) 单击"开始"｜"程序"｜Microsoft Visual Studio 2008｜Microsoft Visual Studio 2008。

(2) 单击"文件"｜"新建"｜"项目"，此时显示"新建项目"对话框，如图 1-2 所示。

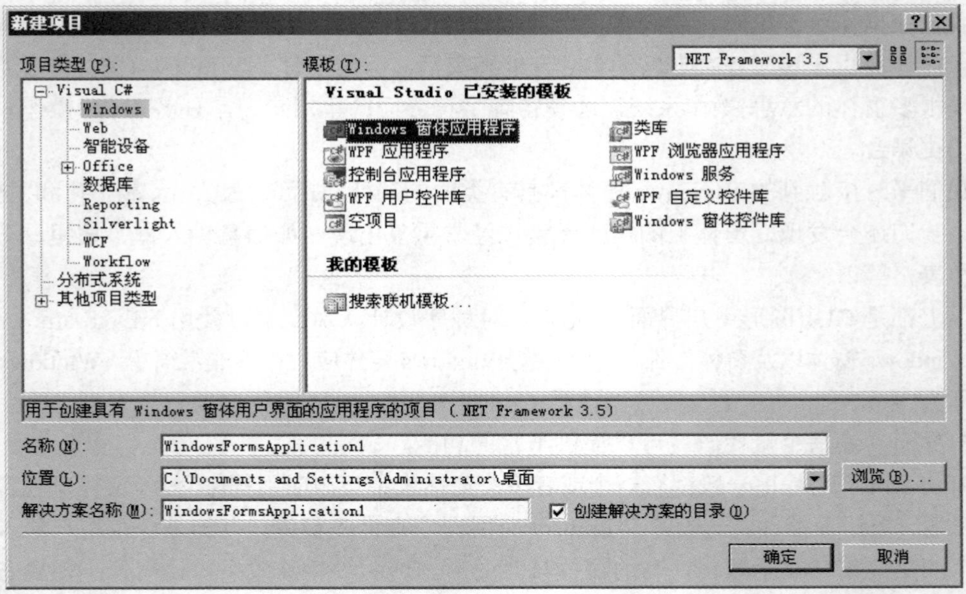

使用WinForm开发桌面应用程序

图 1-2

在"项目类型"列表中单击"Visual C#"前的"+"号,选择"Windows",然后在模板中选择"Windows 窗体应用程序"。在下面的"名称"栏中输入应用程序的名称,在"位置"栏中选择应用程序所放的位置并单击"确定"按钮。完成后,会显示如图 1-3 所示的编辑界面。

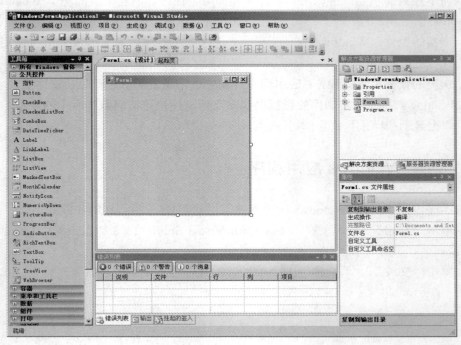

图 1-3

此时我们看到，在 Visual Studio 2008(以下简称"VS 2008")环境里显示的组成结构和控制台应用程序的不同。首先正中间是一个空白窗体，用于编辑，如图 1-4 所示。在空白窗体的左侧会看到工具箱栏，在工具箱栏中，列出了 Windows 窗体常用控件，如图 1-5 所示。我们可以将工具箱里的控件添加到空白窗体中(后面章节将会介绍)。

在空白窗体右侧有两个窗体栏：右上边是"解决方案资源管理器"，作用是管理本项目的程序文件；右下边是"属性"栏窗体(其作用后面会学习到)。讲到这里，我们现在执行一下这个程序，虽然没有填写一行代码，但是 Visual Studio 环境已经自动生成了很多代码，可以显示这个空白窗体。按 F5 键后，执行程序，显示效果如图 1-4 所示，实际运行效果和设计器效果一模一样。正是这种所见即所得的编写方式，使得编写窗体程序不再像 C/C++时代那么令人痛苦。

图 1-4

图 1-5

1.1.3　Windows 应用程序的文件夹结构

创建 Windows 应用程序后，当然要了解编译环境软件自动生成的文件和文件夹。资源管理器是管理这些文件的，我们用资源管理器来介绍文件的作用，如图 1-6 所示。

在这里，我们看到了和控制台应用程序相似的文件结构，它实际上是一个树状结构。根节点是解决方案名称，接下来的子节点是项目名称，再接下来第三层次就是项目中的程序文件。在创建 Windows 应用程序项目时，将自动创建一个名称为 Form1 的空窗体，并且 VS 2008 自动为这个窗体生成两个文件：Form1.cs 和 Form1.Designer.cs。

图 1-6

　　Form1.cs 是窗体程序代码文件，程序员对窗体编写的程序代码(如用户单击一个按钮后执行的程序代码)就放在这个文件里面。单击 Form1.cs 文件前面的加号，就会展开看到 Form1.Designer.cs 文件。Form1.Designer.cs 文件存放窗体的设计代码，例如，我们往窗体上拖放一个"控件"，VS 2008 自动生成的代码就会放到这个文件里面。一般情况下，不要手动修改该文件的内容。

　　Program.cs 文件是应用程序的主程序文件，主类和 Main()方法就在这个文件中。Program.cs 文件中的代码都是 VS 2008 自动生成的，一般不需要修改。其中 Main()方法中的第三行代码需要简单了解一下。

```
static void Main()
{
    //允许使用 XP 风格的窗体样式(去掉看看是什么效果)
    Application.EnableVisualStyles();
    //与"画"窗体的方式(性能)有关的设置
    Application.SetCompatibleTextRenderingDefault(false);
    //该行代码实例化一个 Form1 窗体的实例，并作为程序的主入口运行
    Application.Run(new Form1());
}
```

1.1.4　通过应用程序编辑窗体

　　在 Visual Studio 中设计窗体应用程序的外观，有点像我们用 Dreamweaver 制作网页。

　　用 Dreamweaver 制作网页，有两个编辑网页的方法：一个是编辑网页 HTML 代码；一个是设计网页效果的窗体，所见即所得。

　　用 Visual Studio 编辑窗体应用程序，也有两个方法：一个是设计窗体显示，如图 1-7 所示；一个是编辑窗体程序代码，如图 1-8 所示。

图 1-7

图 1-8

在设计窗体中，我们可以进行控件的拖放、外观的设置、控件属性的设置等，不需要编写代码，Visual Studio 会自动生成相应代码。

通过程序代码编辑窗体，在需要手写代码的时候，就进入到编辑窗体。在代码编辑窗体中，已经自动生成了一些代码，但是首先要弄清楚的是，该段代码定义了一个类——Form1，这个类就是我们看到的空白窗体，这一点非常重要。在窗体应用程序中，每一个窗体实际上就是定义的类的对象实例。

在以后的程序编辑过程中，会经常使用这两个窗体。

1.1.5 认识窗体重要属性

我们可以通过设置窗体的属性来改变窗体的外观，如背景色或者背景图片等。表 1-1 列出了窗体重要的属性。

表 1-1

属　　性	说　　明
Name	窗体在代码中的名称，也就是窗体的对象名
Text	窗体标题栏里显示的文本
BackColor	窗体的背景色
BackGroundImage	窗体的背景图片
MaximizeBox	窗体右上角是否有最大化按钮，默认为 True
WindowState	窗体刚显示时的大小，有最大化(Maximized)、最小化(Minimized)、普通(Normal)等，默认为 Normal
AcceptButton	设置成某个按钮后，在窗体上按 Enter 键相当于单击了这个按钮
CancelButton	设置成某个按钮后，在窗体上按 Esc 键相当于单击了这个按钮

大家可以设置这些属性，看一下对窗体的外观有什么影响，也可以熟悉属性的设置方法。比如把窗体的背景颜色设置成蓝色，把窗体的 Text 属性设置成"我的窗体"，是一个什么效果。

1.2 Windows 窗体基本控件

1.2.1 标签(Label)

标签是 Windows 窗体应用程序中最常用、最简单的控件。工具箱里 A Label 图形表示标签控件。标签控件一般用于显示用户不能编辑的文本或图像，该控件是用于对窗体上各种控件进行标注或说明的。在窗体中添加标签控件时，将创建一个 Label 类的实例(对象)。标签控件支持的属性和方法如表 1-2 所示。

表 1-2

属　　性	描　　述
Name	该标签的对象名称，以便在代码中访问
Image	指定标签上将显示的图像
Text	设置或获取标签上的文本
方　　法	描　　述
Hide()	隐藏控件，使该标签不可见
Show()	显示控件

1.2.2 文本框(TextBox)

工具箱里 abl TextBox 图形就是文本框控件。文本框控件一般用于获取用户输入的信息。单行文本框、多行文本框和密码框(如输入密码时显示*号)都是使用文本框控件，我们只要设置相关的属性就可以了。文本框主要的属性、方法如表 1-3 所示。

表 1-3

属　　性	描　　述
Name	该文本框控件的对象名，在程序中引用
MaxLength	获取或设置用户可在文本框控件中键入或粘贴的最大字符数
Multiline	获取或设置此控件是否为多行文本框，True 为多行文本框，False 相反
PasswordChar	获取或设置一个字符，当在该文本框输入数据时，显示为该字符
ReadOnly	获取或设置该文本框中的文本是否为只读(不能修改)
TabIndex	控件获得焦点的顺序，值越小越早获得焦点
Text	文本框里显示的文本，用户输入数据后，通过该属性获取数据

(续表)

方法	描述
AppendText()	在文本框内现有文本的末尾追加文本
Clear()	清除文本框内的所有文本

下面我们写一个简单的程序：在空白窗体上添加一个 Label 控件，该 Lable 控件的 Name 属性设置成 lblName(Lable 控件命名规范一般是以 lbl 开头，后面加有标识意义的单词)，该控件的 Text 属性设置成姓名。然后再添加一个 TextBox 控件，该控件的 Name 属性设置成 txtName。然后进入 Form1.cs(窗体的程序代码文件)文件，在窗体的构造方法 Form1()里添加下面代码。

```
public partial class Form1 : Form
{
    public Form1()
    {
        InitializeComponent();
        //设置对象名为 txtName 的文本框控件的文本是张三
        this.txtName.Text = "张三";
    }
}
```

编写好代码后，按 F5 键执行程序，执行结果如图 1-9 所示。

图 1-9

通过这个简单的例子，大家可以在构造方法里面添加代码，设置文本框控件的其他属性如 PasswordChar 属性试验一下，试验后的结果是什么呢？

1.2.3 按钮(Button)

按钮控件是窗体应用程序里使用最多的控件之一，在工具箱里 Button 图形就是按钮控件。按钮提供了用户与应用程序进行交互的功能，如用户输入数据后，单击按钮可以提交该数据给程序处理。用户也可以单击按钮来执行所需的操作。按钮的属性和事件如表 1-4 所示。

表 1-4

属 性	描 述
Text	显示在按钮上的文字
Name	该按钮控件的对象名称

事 件	描 述
Click	单击按钮时将执行的事件

在这里，我们看到一个新的词语——事件。

什么是事件呢？当使用播放软件播放音乐或者电影的时候，是不是要频繁地单击按钮？比如选择歌曲后，单击播放按钮可以播放音乐。为什么单击按钮会有反应？因为操作系统对我们的操作有回应。再比如我们每次按键盘，就有一个字母显示在计算机上，这也是操作系统给我们的回应。当用户进行某一个操作时，软件进行回应的动作就叫作事件。

再看看按钮控件，有一个非常重要的事件，那就是单击事件——Click 事件。当用户单击按钮控件后，软件做出的回应动作就是 Click 事件。为了做出回应动作，我们必须为按钮的 Click 事件编写事件方法。

现在来看一个例子，前面的例子中，文本框里显示的是"张三"，现在添加一个按钮控件，当用户单击按钮后，把文本框里的文本变成"李四"。在窗体设计视图中，对按钮控件双击就可以直接生成按钮的 Click 事件方法，我们需要写如下代码。

```csharp
using System;
using System.Collections.Generic;
using System.ComponentModel;
using System.Data;
using System.Drawing;
using System.Linq;
using System.Text;
using System.Windows.Forms;

namespace MyFirstWinForm
{
    public partial class Form1 : Form
    {
        public Form1()
        {
            InitializeComponent();
            this.txtName.Text = "张三";
        }
        //按钮的事件方法，里面填写代码，修改文本框的文本为"李四"
        private void btnChange_Click(object sender, EventArgs e)
```

```
        {
            this.txtName.Text = "李四";
        }
    }
}
```

程序执行后，刚开始显示的结果如图 1-10 所示，单击按钮"改变"后的结果如图 1-11 所示。

图 1-10

图 1-11

> **注意**
>
> 想查看一个控件有哪些事件，能对用户哪些操作做出反应，可以单击属性对话框里的 按钮。并且，我们前面讲的窗体和文本框也有事件。例如，窗体有一个事件是 MouseClick，当用户在窗体的任何一个地方单击鼠标时，就会执行该事件方法中的代码。

1.2.4 列表框(ListBox)

列表框控件显示一个项的列表，用户可以从中选择一项或多项。在工具箱里 ListBox 图形表示列表框控件。列表框控件中的每个选项被称为项(Item)。列表框控件的主要属性、方法和事件如表 1-5 所示。

表 1-5

属 性	说 明
Items	获取 ListBox 里的所有项
SelectedIndex	ListBox 中当前选中项从零开始的索引
SelectedItem	获取 ListBox 中当前选中的项
Text	获取 ListBox 中当前选中项的文本
方 法	说 明
ClearSelected	清除 ListBox 中的所有选中的项

(续表)

事 件	说 明
SelectedIndexChanged	ListBox 控件当前选择的项的索引变化时执行

向列表框控件里面添加选项有两种方式，一种方式是通过设计窗体的属性对话框，先选中 ListBox 控件，然后选择"属性"对话框中的 Items 属性，进入"字符串集合编辑器"对话框，进行选项添加，如图 1-12 所示。

在对话框中输入若干选项后，单击"确定"按钮，程序执行后 ListBox 控件会显示这些选项，如图 1-13 所示。

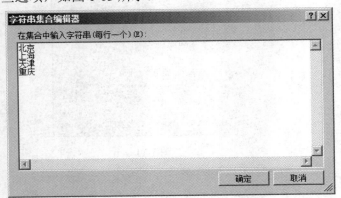 

图 1-12　　　　　　　　　　　　　　图 1-13

还有一种方式是通过编写代码的方式。完成上面一样的任务，向列表框控件添加这些选项，就需要编写如下代码，列表框控件的 Name 属性为 lstCity。

```
public Form1()
{
    InitializeComponent();
    this.lstCity.Items.Add("北京");
    this.lstCity.Items.Add("上海");
    this.lstCity.Items.Add("天津");
    this.lstCity.Items.Add("重庆");
    this.lstCity.Items.Add("武汉");
}
```

在上面代码中，我们在窗体类的构造方法中编写代码，调用 ListBox 控件的 Items 属性的 Add()方法来添加选项，执行后的结果和图 1-13 相同。

获取当前选中的项并且显示出来，需要编写下面的代码。

(MessageBox.Show(this.lstCity.SelectedItem.ToString());

1.3 使用消息框窗体

在使用软件的过程中，经常会碰到要用户确认的对话框，例如，在操作计算机时，如果要删除一个文件，就会弹出确认文件删除对话框，单击"是"就删除，"否"就不删除。我们利用 VS 2008 也可以做出这种效果，这就是消息对话框。消息框用于显示包含文本、按钮和符号的消息。要显示一则消息，可以用下面的语法。

MessageBox.Show("消息确认框");

执行后会弹出如图 1-14 所示的消息框。

图 1-14

方法 Show()用于显示消息框，Show()方法有多个重载，使用不同的重载弹出的消息框也不同。Show()方法参数重载描述如表 1-6 所示。

表 1-6

参 数 重 载	描 述
Show(消息内容)	消息框内显示指定文本
Show(消息内容，消息框标题文本)	显示指定文本和指定标题
Show(消息内容，标题文本，消息框上面的按钮)	显示指定文本、指定标题和指定的按钮
Show(消息内容，标题文本，消息框上面的按钮，消息框显示的图标)	显示指定文本、指定标题、指定的按钮和指定的图标符号

MessageBoxButtons 属于按钮枚举值，设置消息框上面有哪些按钮，枚举列表如表 1-7 所示。

表 1-7

成 员 名 称	说 明
OK	消息框包含"确定"按钮
OKCancel	消息框包含"确定"和"取消"按钮
AbortRetryIgnore	消息框包含"中止"、"重试"和"忽略"按钮
YesNoCancel	消息框包含"是"、"否"和"取消"按钮
YesNo	消息框包含"是"和"否"按钮
RetryCancel	消息框包含"重试"和"取消"按钮

MessageBoxIcon 属于图标枚举值,图标部分枚举值和对应图标如表 1-8 所示。

表 1-8

成 员 名 称	对 应 图 标
Information	🛈
Error	❌
Exclamation	❗
Question	❓

Show()方法返回值为 DialogResult 枚举,该枚举的成员包括 Abort、Cancel、Ignore、No、None、OK、Retry 和 Yes。

```
DialogResult dr = MessageBox.Show("你确实要退出吗?", "退出", MessageBoxButtons.YesNo,
    MessageBoxIcon.Question);
if(dr == DialogResult.Yes)
{
Application.Exit();
}
```

执行上面代码会弹出如图 1-15 所示的对话框。

图 1-15

其中"你确实要退出吗?"是消息内容,"退出"是消息框标题,MessageBoxButtons.YesNo 表示在消息框中显示"是"和"否"两个按钮,MessageBoxIcon.Question 表示在消息框中显示问号图标。如果此时单击"是(Y)"按钮消息框,返回值为 DialogResult.Yes,则"Application.Exit()"这行代码会结束整个应用程序。

1.4 多个窗体的使用

一个常规的窗体应用程序可能由很多个窗体组成。创建一个窗体时,会在应用程序中创建 Form 类的实例对象,因为显示出来的窗体就是一个类的对象。同样的情况,想从当前窗体中显示另一个窗体时,必须在当前窗体中创建另一个窗体的实例。使用下面的代码可以打开另外一个窗体。

新窗体类　窗体实例名称=new 新窗体类();

当然，只是实例化一个窗体类的对象是不能让窗体"显示"出来的，还要调用该对象的方法才能显示出窗体，窗体对象有两个方法可以完成该功能。

窗体实例名称.Show();

Show()方法显示出窗体后，主窗体(调用窗体)和子窗体(被调用的窗体)之间可以任意切换，互不影响。

窗体实例名称.ShowDialog();

ShowDialog()方法显示出来的窗体，必须要操作完子窗体并关闭子窗体后才能再操作主窗体。

1.5 综合实例

下面我们将利用本单元前面学习过的知识来创建一个具有两个窗体的完整应用程序，在第一个窗体中输入信息并做合法性检验，在第二个窗体中显示出用户在第一个窗体中输入的信息。

用 VS 2008 创建该应用程序的步骤如下。

(1) 启动 Microsoft Visual Studio 2008。

(2) 新建一个 Windows 窗体应用程序，把该应用程序的名称改为"MyFirstWinForm"。

(3) 在"解决方案资源管理器"中选中 Form1.cs，在下方的属性窗体中把文件名改为"frmMain.cs"。

(4) 选择菜单"项目"｜"添加 Windows 窗体"，新窗体文件名改为"frmShow.cs"。

(5) 设计 frmMain 窗体如图 1-16 所示。

图 1-16

该窗体及其各控件的说明如表 1-9 所示。

表 1-9

控件类型	名称	属性
Form	frmMain	AcceptButton：btnRegister CancelButton：btnCancel MaximizeBox：false StartPosition：CenterScreen Text：注册
Label	lblName	Text：用户名
Label	lblPwd	Text：密码
Label	lblRemark	Text：备注
TextBox	txtName	MaxLength：25 TabIndex：0 Text：
TextBox	txtPwd	MaxLength：15 PasswordChar：* TabIndex：1 Text：
TextBox	txtRemark	Multiline：true ScrollBars：Vertical TabIndex：2
Button	btnRegister	TabIndex：3 Text：注册
Button	btnCancel	TabIndex：4 Text：取消

(6) 设计 frmShow 窗体如图 1-17 所示。

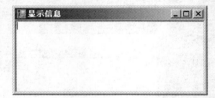

图 1-17

该窗体及其中多行文本框的说明如表 1-10 所示。

表 1-10

控件类型	名称	属性
Form	frmShow	Text：注册
TextBox	txtMessage	Dock：Fill ReadOnly：true Text：

打开 frmShow 窗体，为其添加一个公共成员方法，frmShow.cs 文件的代码如下。

```csharp
namespace MyFirstWinForm
{
    public partial class frmShow : Form
    {
        public frmShow()
        {
            InitializeComponent();
        }
        //下面的方法用于设置文本框的内容，该方法将被 frmMain 窗体调用
        public void SetInfo(string info)
        {
            this.txtMessage.Text = info;
        }
    }
}
```

SetInfo()方法将传入的字符串显示在文本框中，要传入的字符串就是在注册窗体中用户输入的数据。

（7）双击 frmMain 窗体的"注册"按钮，为其添加如下代码。

```csharp
private void btnRegister_Click(object sender, EventArgs e)
{
    string name = this.txtName.Text;
    string pwd = this.txtPwd.Text;
    string remark = this.txtRemark.Text;
    if (name.Contains(" "))
    {
        MessageBox.Show("用户名不能包含空格！","内容非法");
        return;
    }
    if (name.Length < 6)
    {
        MessageBox.Show("用户名不能少于 6 个字符！", "内容非法");
        return;
    }
    if (pwd.Length < 6)
    {
        MessageBox.Show("密码不能少于 6 个字符！", "内容非法");
        return;
    }
    string info = name + "\r\n" + pwd + "\r\n" + remark;

    frmShow frmshow = new frmShow();
    frmshow.Show();
    frmshow.SetInfo(info);
}
```

"注册"按钮首先做 3 个检验——用户名不能包含空格、用户名长度不能少于 6 个字符和密码长度不能少于 6 个字符。检验通过则把用户名、密码和备注信息连成一个字符串 info。最后 3 行代码首先得到一个 frmShow 窗体的实例，调用该实例的 Show()方法把第二个窗体显示出来，最后调用该实例新添加的 SetInfo()方法把 info 字符串显示在 txtMessage 文本框中。

(8) 双击 frmMain 窗体的"取消"按钮，为其添加如下代码。

```
private void btnCancel_Click(object sender, EventArgs e)
{
    DialogResult dr = MessageBox.Show("你确实要取消注册吗？","确认取消",
                    MessageBoxButtons.YesNo,MessageBoxIcon.Question);
    if (dr == DialogResult.Yes)
    {
        Application.Exit();
    }
    else
    {
        this.txtName.Text = "";
        this.txtPwd.Text = "";
        this.txtRemark.Text = "";
    }
}
```

单击"取消"按钮，首先弹出确认取消对话框，用户选择"是"则退出整个应用程序，否则清空输入的信息。

运行该程序，得到如图 1-18 所示的界面。

此时单击"取消"按钮则弹出如图 1-19 所示的对话框。

图 1-18

图 1-19

单击"是"按钮退出整个程序，单击"否"按钮则不退出，单击图 1-18 中的"注册"按钮则显示如图 1-20 所示的窗体。

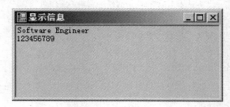

图 1-20

这时改变该窗体的大小，可以发现文本框会随着窗体的改变而改变，这是由于我们设置了该文本框的 Dock 属性为 Fill 的结果。

【单元小结】

- WinForm 可用于 Windows 窗体应用程序开发
- 标签控件用于显示用户不能编辑的文本或图像
- 按钮控件提供用户与应用程序交互的最简便方法
- 文本框用于接收用户的输入
- 列表框控件是列出所有选项的清单控件
- 窗体提供了收集、显示和传送信息的界面，是类的对象，有两种窗体显示模式
- 消息框用于显示消息，与用户交互

【单元自测】

1. 当用户单击窗体上的按钮时，会引发按钮控件的(　　)事件。
   A. Click　　　　　B. Leave　　　　C. Move　　　　D. Enter
2. 设置文本框的(　　)属性可以使文本框显示为多行。
   A. PasswordChar　　B. ReadOnly　　C. Multiline　　D. MaxLength
3. MessageBoxIcon 枚举的(　　)成员表现为一个带问号的图标。
   A. Information　　B. Error　　　C. Exclamation　　D. Question
4. 设置(　　)枚举值，是设置消息框上显示的按钮。
   A. Button　　　　　　　　　　　　B. MessageBoxButtons
   C. DialogResult　　　　　　　　　D. 以上都不是
5. 用户单击消息框按钮时返回(　　)。
   A. DialogValue 值　　　　　　　　B. DialogResult 枚举值
   C. DialogCommand 值　　　　　　　D. DialogBox 值

【上机实战】

上机目标

- 窗体之间互相调用
- 会使用标签、文本框、按钮和列表框控件
- 掌握 MessageBox 类的用法
- 掌握窗体的常用属性和方法

上机练习

◆ 第一阶段 ◆

练习 1：窗体链接练习

【问题描述】

在第一个窗体中有一个文本框和一个按钮，在第二个窗体中只有一个文本框。单击第一个窗体的按钮则把第一个窗体文本框的内容显示在第二个窗体的文本框中。

【问题分析】

第一个窗体要操作第二个窗体，则必须在第二个窗体类中有一个可以供第一个窗体类调用的公共方法，通过此公共方法来设置第二个窗体文本框的内容。

【参考步骤】

(1) 新建一个名为 "CommunicationForm" 的 Windows 应用程序的项目。

(2) 将第一个窗体的文件名由 "Form1.cs" 改为 "frmFirst.cs"。将窗体的 MaximizeBox 属性设为 "false"，Name 属性改为 "frmFirst"，Text 属性改为 "第一个窗体"。在窗体上放一个文本框和一个按钮，文本框 Name 为 "txtFirst"，按钮的 Name 属性为 "btnShow"，按钮的 Text 属性改为 "显示"。

(3) 右击项目名称，选择 "添加" | "添加 Windows 窗体" 选项，取名为 "frmSecond"。将窗体的 MaximizeBox 属性设为 "false"，Text 属性改为 "第二个窗体"。在窗体上放一个文本框，文本框 Name 为 "txtSecond"。在第二个窗体中添加一个公共方法 SetInfo() 用来设置文本框的内容，该窗体的完整代码如下。

```csharp
public partial class frmSecond : Form
{
    public frmSecond()
    {
        InitializeComponent();
    }
    //设置文本框内容的自定义方法
    public void SetInfo(string info)
    {
        this.txtSecond.Text = info;
    }
}
```

(4) 双击第一个窗体的 "显示" 按钮，为按钮添加 Click 事件代码。

```csharp
private void btnShow_Click(object sender, EventArgs e)
{
    frmSecond fs = new frmSecond(); //得到第二个窗体的实例
```

```
            fs.Show(); //把该实例显示出来
            //把第一个窗体文本框的内容传递给第二个窗体的 SetInfo()方法
            fs.SetInfo(this.txtFirst.Text);
        }
```

(5) 按 Ctrl + F5 组合键运行代码,在文本框内输入"你好",单击按钮显示第二个窗体,第二个窗体的文本框的内容也是"你好",结果如图 1-21 所示。

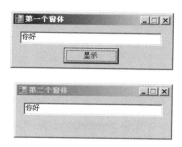

图 1-21

练习 2:窗体互相传递数据

【问题描述】

练习 1 只能完成第一个窗体把数据传递给第二个窗体,那么第二个窗体如何把数据传回给第一个窗体呢?

【问题分析】

窗体 1 操作窗体 2 时可以直接利用窗体 2 的实例调用窗体 2 的方法,但窗体 2 要调用窗体 1 的方法必须要在窗体 2 中存在一个对窗体 1 的引用。最简单的方法是为窗体 2 添加一个带参数的构造方法,该构造方法需要一个窗体 1 的对象作为参数。

【参考步骤】

(1) 在第二个窗体中添加一个按钮,Name 属性为"btnChange",Text 属性设置为"改变第一个窗体文本框的内容"。

(2) 在第一个窗体中添加一个 SetInfo()方法用来设置文本框的内容,该类的代码如下。

```
namespace CommunicationForm
{
    public partial class frmFirst : Form
    {
        public frmFirst()
        {
            InitializeComponent();
        }
        // "显示"按钮的方法
        private void btnShow_Click(object sender, EventArgs e)
        {
            //把 this 传给第二个窗体的构造方法,this 关键字表示当前对象
```

```
                //也就是第一个窗体的对象
                frmSecond fs = new frmSecond(this);
                fs.Show();
                fs.SetInfo(this.txtFirst.Text);
        }
        //设置第一个窗体文本框内容的方法
        public void SetInfo(string info)
        {
                this.txtFirst.Text = info;
        }
    }
}
```

(3) 为第二个窗体添加一个构造方法，该构造方法带有一个参数，是第一个窗体 frmFirst 类的对象。并且要在第二个窗体 frmSecond 类中定义一个 frmFirst 类的对象 ff，该对象 ff 在构造方法里面用参数赋值，该类的代码如下所示。

```
namespace CommunicationForm
{
    public partial class frmSecond : Form
    {
        private frmFirst ff = null; //用来引用第一个窗体
        public frmSecond()
        {
                InitializeComponent();
        }
        //新添加的构造方法，用来获得对第一个窗体的引用
        public frmSecond(frmFirst frmfirst) :
        {
                InitializeComponent();
                this.ff = frmfirst;
        }
        //设置第二个窗体文本框的内容的方法
        public void SetInfo(string info)
        {
                this.txtSecond.Text = info;
        }
        //按钮对应的方法
        private void btnChange_Click(object sender, EventArgs e)
        {
                /*调用第一个窗体的方法把第二个窗体文本框的内容传递给第一个窗体的文本框*/
                ff.SetInfo(this.txtSecond.Text);
        }
    }
}
```

（4）按 F5 键执行程序，在第二个窗体的文本框中输入"第二个影响第一个"，单击按钮，结果如图 1-22 所示。

图 1-22

◆ 第二阶段 ◆

练习 3：创建窗体应用程序，熟练掌握 ListBox 控件的使用

【问题描述】

创建窗体应用程序，实现如图 1-23 所示的界面，该程序实现班级优秀学员的选举，使用左边的列表框显示参选优秀学员的人员姓名，当选举结果产生后，单击"》"按钮把该学员姓名添加到右边的列表框中，最后单击"显示结果"按钮，用消息框输出右边列表框学员的姓名。

图 1-23

【问题分析】

- 新建一个 Windows 窗体应用程序，设计如上图界面。
- 在窗体的构造方法中添加代码，向候选人列表框添加候选人姓名。
- 双击"》"按钮，编写按钮 Click 事件代码，把选中的候选人添加到优秀学员列表框。
- 单击"显示结果"按钮，显示优秀学员列表框里的人员姓名。
- 注意，优秀学员也许有多人，所以需要遍历优秀学员列表框里的数据。

【拓展作业】

1. 编写一个发送邮件的程序，如图 1-24 所示。

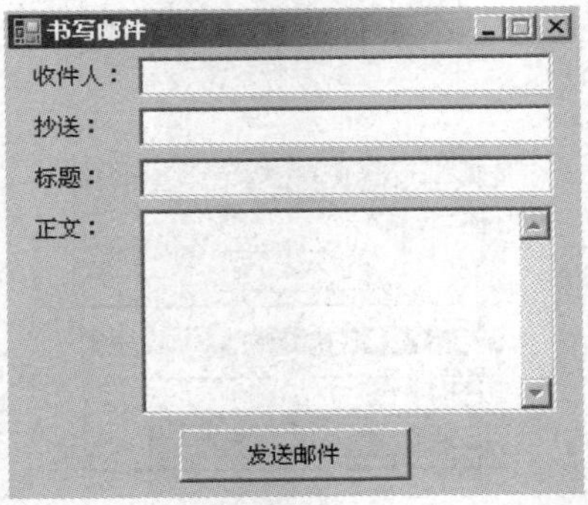

图 1-24

当单击"发送邮件"按钮时用 MessageBox 弹出新邮件的相关信息。

2. 修改第二阶段练习 3,增加修改结果功能,如图 1-25 所示。

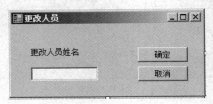

图 1-25

单击"更改姓名"按钮,弹出"更改人员"对话框,如图 1-26 所示。

图 1-26

在"更改人员"窗体的文本框中输入更改的姓名,单击"确定"按钮后返回"优秀学员选举"窗体,在"优秀学员"下面的列表框中显示更改后的学员姓名。单击"取消"按钮,则退出"更改人员"窗体。

单元二

WinForm 界面控件

课程目标

- ▶ 掌握菜单栏、上下文菜单、托盘菜单的使用
- ▶ 掌握工具栏、状态栏控件的使用

使用WinForm开发桌面应用程序

 简 介

在上一单元中，我们可以简单地"画"出一个或多个"窗体"，并让它们运行起来。同时，我们也掌握了基本的 Label、TextBox 和 Button 控件，它们可以完成最基本的信息显示、信息输入和事件响应行为。但是现在没有哪个真正的窗体程序会单纯到只有这几种控件的程度。一般而言，一个窗体程序通常会有一个"主菜单"来提供所有功能的选单；还会有一些"右键菜单"(我们称之为"上下文菜单")为专属的区域和控件提供快捷功能；而有些时候，我们会使用一种图标形式的工具栏来完成菜单上的功能，诸如"保存"或者"新建"；同时，我们也会为这些菜单项设置快捷键，例如，常规情况下，Ctrl+C 是复制快捷键，而 Ctrl+V 是粘贴快捷键。

本单元将为大家介绍窗体开发时所使用的菜单、右键菜单、托盘菜单、快捷键以及多工具栏、状态栏和图像列表的使用方法。

2.1 菜单

2.1.1 菜单概述

在 Windows 应用程序中，菜单是必不可少的组成元素，其中包含了应用程序所支持的各种操作命令。如图 2-1 所示是 Microsoft Word 2003 应用程序的菜单。

文件(F)　编辑(E)　视图(V)　插入(I)　格式(O)　工具(T)　表格(A)

图 2-1

在窗体中，可以添加的菜单有两种：主菜单(MenuStrip) 和上下文菜单(ContextMenuStrip)。应用程序主菜单如图 2-1 所示。上下文菜单也称右键菜单，如图 2-2 所示为在记事本的文本编辑窗体右键单击出现的菜单。

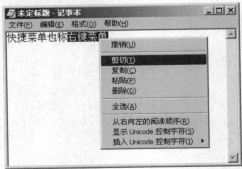

图 2-2

2.1.2 创建菜单栏、菜单项

为方便程序员创建菜单，Visual Studio 2008(以下简称 VS 2008)提供了菜单设计器，可以使用它向菜单中添加菜单项及设置菜单属性。

可以从工具栏中选择 MenuStrip 控件(菜单控件)，将其拖放到窗体中，菜单控件会显示在窗体设计器的下方，如图 2-3 所示。此时，在窗体的顶部会出现一个带下拉按钮的提示框，提示开发人员输入菜单项目。

图 2-3

其中，右箭头表示可以在该菜单项上添加子菜单，所以每一个菜单项都可以添加多个子菜单项。而子菜单本身也是可以继续添加子菜单的。

编码规范：在菜单项的命名前面加 mnu。

表 2-1 中列出了菜单项常用的属性和事件。

表 2-1

属 性	说 明
Text	菜单项要显示的文本
Name	设置菜单项的 ID
ShortcutKeys	设置菜单项激活的快捷键
Enabled	菜单项是否响应外部事件
Visible	菜单项是否可见，可以把菜单项隐藏起来
ShowShortcutKeys	是否显示菜单项的快捷键
事 件	说 明
Click	当菜单项被单击时会响应的事件

菜单项添加好之后，就可以为菜单项设置快捷键。可以在代码中通过设置属性来修改，也可以在设计视图模式下设置其 ShortcutKeys 属性来修改，如图 2-4 所示。

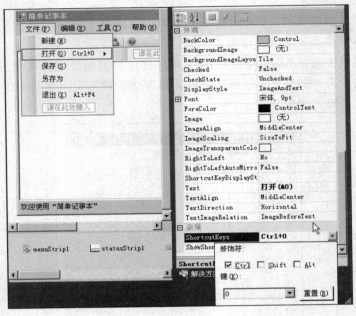

图 2-4

还可以为菜单项添加快捷键，只要在菜单项的 Text 属性中添加"&"关键字就可以了，例如，在 Text 属性值"Edit"的前面加上"&"符号，变成"&Edit"后，该"Text"属性就会以"<u>E</u>dit"的形式显示，形成的快捷键为"Alt + E"组合键。

注意，不要在汉字前面使用"&"符号，如"&文件"会显示为"<u>文</u>件"，用户显然无法利用键盘键入指定的快捷键"Alt+文"。

要把某一菜单设计成分隔符形式，只要把 Text 属性设置成"-"（半角减号），菜单项就会以分隔条的形式显示在菜单上，如图 2-4 中的菜单项"另存为"和"退出"之间的分隔。

2.1.3 响应菜单事件

在 VS 2008 中，每个菜单项都是一个独立的控件，都可以响应一个独立的事件过程。一般来说，都响应鼠标的单击(Click)事件。选中要添加事件的菜单项，如"退出"按钮(mnuExit)，双击为其添加事件响应按钮，代码如下所示。

```
private void mnuExit_Click(object sender, EventArgs e)
{
    //提示用户是否真的退出
    if (MessageBox.Show("你真的要退出当前应用程序吗？","退出提示",
        MessageBoxButtons.YesNo,MessageBoxIcon.Question,
        MessageBoxDefaultButton.Button2) == DialogResult.Yes )
    {
```

```
        //退出应用程序
        Application.Exit();
    }
}
```

运行应用程序,当单击"退出"菜单时,运行效果如图 2-5 所示。

图 2-5

如果希望对所有菜单项均使用相同的响应事件,也可以直接使用主菜单(menuStrip1)的 ItemClicked 事件,直接双击菜单控件即可生成类似下面的事件响应函数,向其中写入需要的代码即可。

```
private void munMain_ItemClicked(object sender,ToolStripItemClickedEventArgs e)
{
    //判断是不是"退出"按钮被单击了
    if (e.ClickedItem == munExit)
    {
        //此处代码与上面完全一样
        //提示用户是否真的退出
        if (
            MessageBox.Show("你真的要退出当前应用程序吗？", "退出提示",
            MessageBoxButtons.YesNo, MessageBoxIcon.Question,
            MessageBoxDefaultButton.Button2) == DialogResult.Yes
            )
        {
            //退出应用程序
            Application.Exit();
        }
    }
}
```

其中,可以使用 e.ClickedItem 来判断是哪一个菜单项被单击了。

2.1.4 上下文菜单

上下文菜单(ContextMenuStrip)也称右键菜单。与主菜单相比，两者的设计完全相同，都是由多个菜单项组成，不同的是，快捷菜单不会在窗体的顶部显示，而是在需要的时候响应窗体的右键单击事件，让快捷菜单在鼠标单击的位置弹出。

在窗体设计模式下添加 ContextMenuStrip 控件，如图 2-6 所示。

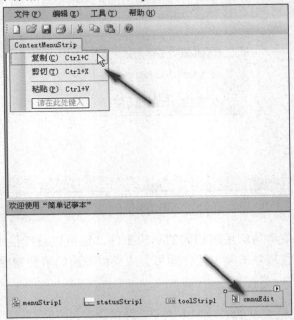

图 2-6

为上例的文本框添加右键单击事件，在 MouseClick 事件响应的时候，判断是否是鼠标右键单击，如果是鼠标右键单击，弹出快捷菜单，代码如下所示。

```
private void tbText_MouseClick(object sender, MouseEventArgs e)
{
    //判断是否鼠标右键单击
    if (e.Button == MouseButtons.Right)
    {
        //在鼠标响应的地方弹出快捷菜单
        cmnuEdit.Show(this, e.X, e.Y);
    }
}
```

以上程序运行的效果如图 2-7 所示。

但是更常见的做法则是通过在设计器模式下修改任何一个"控件"或"窗体"的 ContextMenuStrip 属性，为该控件对象添加右键菜单，这是最常用的手法，如图 2-8 所示。

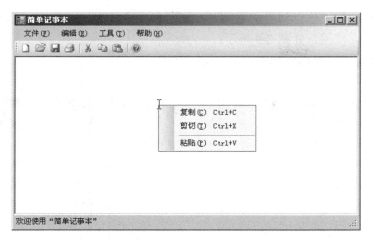

图 2-7

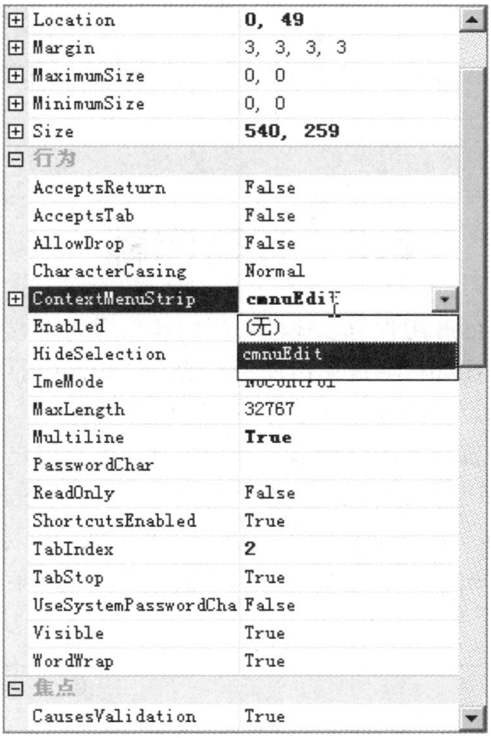

图 2-8

图2-7的标准编辑菜单往往会在很多地方用到，这时，有一个很麻烦的问题：如果在主菜单上编写一个"编辑"菜单，里面放着"复制""粘贴""剪切"，而同时，又去做一个上下文菜单实现完全相同的菜单项，在编写代码的时候，是不是很麻烦呢？而且，两份相同的菜单，快捷键会不会冲突呢？

于是我们这样处理：首先创建一个"编辑"菜单位于主菜单中，然后选择这个主菜单项，在右侧的属性面板中选择DropDown属性，选中上下文菜单的名字。然后就会看到刚编写的上下文菜单被"挂"到了主菜单下,就像直接编写上去的一样,既可以在主菜单上显示,又可以独立使用,如图 2-9 所示。

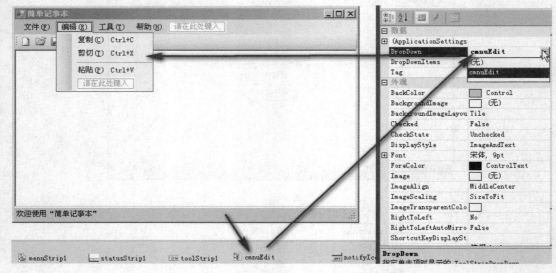

图 2-9

2.2 托盘图标

Windows 窗体 NotifyIcon 组件可以在任务栏的状态通知区域中为在后台运行且没有用户界面的进程显示图标。比如可通过单击任务栏状态通知区域的小喇叭图标来访问声音设置程序,或者通过 QQ 的企鹅图标打开运行中的 QQ 主窗体。

每个 NotifyIcon 组件都在状态区域显示一个图标。如果用户有三个后台进程,并希望为每个后台进程各显示一个图标,则必须向窗体添加三个 NotifyIcon 组件。NotifyIcon 组件的关键属性是 Icon 和 Visible。Icon 属性设置出现在状态区域的图标。为使图标出现,Visible 属性必须设置为 True。NotifyIcon 的常用属性、方法和事件如表 2-2 所示。

表 2-2

属　　性	说　　明
Icon	设置出现在状态区域的图标
ShowBalloonTip	设置气球提示的时间跨度
BalloonTipText	设置气球提示的文本
BalloonTipIcon	设置气球提示的图标
BalloonTipTitle	设置气球提示的标题
方　　法	说　　明
ShowBalloonTip	在任务栏中显示气球提示

(续表)

事件	说明
BalloonTipClicked	在单击气球提示时发生
BalloonTipClosed	在关闭气球提示时发生
Click	当单击通知区域中的图标时发生
DoubleClick	当双击任务栏的通知区域中的图标时发生
MouseClick	当使用鼠标单击 NotifyIcon 时发生
MouseDoubleClick	当使用鼠标双击 NotifyIcon 时发生

若要为控件设置所显示的图标,可使用 Icon 属性。也可以在 DoubleClick 事件处理程序中编写代码,以便当用户双击图标时执行相应操作。

使用 NotifyIcon 组件向任务栏添加应用程序图标的方法为向 Icon 属性赋值。该值的类型必须为 System.Drawing.Icon,并可以从 .ico 文件加载。用户可以用代码指定图标文件,或者通过单击"属性"窗体中 Icon 属性旁边的按钮,然后在显示的"打开"对话框中选择文件来指定图标文件。再将 Visible 属性设置为 true。最后,将 Text 属性设置为相应的工具提示字符串。

例如,我们使用一个红十字徽标的 ICO 文件,则添加了自定义托盘图标的 Windows 系统任务栏就会像一样。

还可以将 NotifyIcon 组件的 ContextMenu 属性设置为一个上下文菜单。这样在托盘图标上右键单击的时候可以弹出该菜单。

当我们使用了 NotifyIcon 后,往往会喜欢处理一下窗体的关闭事件,例如,大家常用的 QQ,单击"关闭"按钮以后,QQ 并没有真的关闭,而是隐藏起来了。我们可以这样处理:在窗体的 FormClosing 事件中,编写如下代码。

```
private void Form1_FormClosing(object sender, FormClosingEventArgs e)
{
    //窗体关闭的原因是因为用户单击了×按钮(或 Alt+F4 快捷键)
    if (e.CloseReason == CloseReason.UserClosing)
    {
        //取消关闭事件,就当没单击过关闭一样
        e.Cancel = true;
        //窗体隐藏
        this.Hide();
    }
}
```

然后在 NotifyIcon 的双击事件中写上窗体显示的代码 this.Show()即可。

2.3 工具栏

前面已经学习了菜单栏的使用，可以通过菜单栏中的菜单项响应事件执行不同的任务。通常，为了使用方便，大多数应用程序会在菜单栏的下面安排一组工具栏，用以执行一些常见任务，如图 2-10 所示的是 Word 应用程序的工具栏。

图 2-10

2.3.1 创建工具栏

在工具栏上集成了一组可以单击执行相应任务的快捷按钮，这就是工具栏上的工具按钮。要创建工具栏，需要创建类 ToolStrip 的对象，图 2-11 列出了窗体设计器上的工具栏控件。

把工具栏控件添加到窗体上的效果如图 2-12 所示。

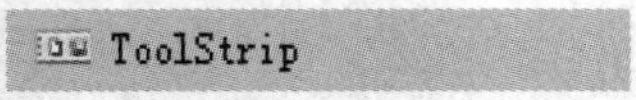

图 2-11

图 2-12

工具栏的常用属性和事件如表 2-3 所示。

表 2-3

属　　性	说　　明
Items	表示在工具栏上显示的项的集合
LayoutStyle	指定工具栏的布局方式
CanOverflow	指定工具栏上的项是否可以发送到溢出菜单
事　　件	说　　明
ItemClicked	单击项时触发

2.3.2 添加工具项

把工具栏控件添加到窗体上后,可以为工具栏添加工具项,工具栏可以添加的工具项形式很多,单击"添加 ToolStripButton"右边的小三角箭头,弹出如图 2-12 所示的菜单。

也可以单击工具栏控件的任务对话框中的"编辑项",弹出"项集合编辑器"对话框为工具栏添加工具项,如图 2-13 所示。

还可以在"ToolStrip 任务"对话框中选择"插入标准项"来为工具栏添加标准项,添加了标准项的工具栏如图 2-14 所示。

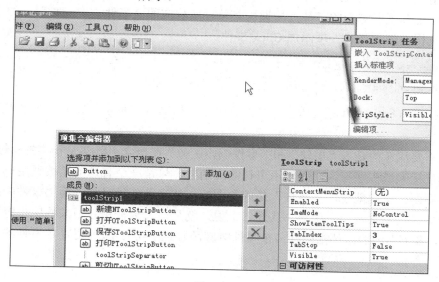

图 2-13

图 2-14

这种方式可以快捷地为应用程序添加工具项,但是工具项所响应的事件代码仍需自己编写。工具项的常用属性和事件如表 2-4 所示。

表 2-4

属 性	说 明
Image	工具项上显示的图标
DisplayStyle	指定工具项是否显示图像和文本

(续表)

属　　性	说　　明
ImageAlign	指定工具项上的图像的对齐方式
TextAlign	指定工具项上的文本的对齐方式
事　　件	说　　明
Click	当单击工具项时触发

通常情况下，工具项所响应的事件和菜单栏中某一个菜单项所响应的事件是完全相同的，可以让工具项所响应的事件直接调用菜单项所响应的"事件响应函数"，如下代码所示，为工具栏上的"新建"项添加 Click 事件。

```
//直接调用菜单项的事件响应函数
mnuNew_Click(null, null);
```

以上代码运行后，单击工具栏上的"新建"项和单击"新建"菜单项的效果就完全相同了。

特别需要注意的是，"事件"和"事件响应函数"在概念上其实是不同的。触发事件，一般是用户行为或程序行为，而调用事件响应函数，只是一个普通的函数调用——等效，但是意义不同。直观地看，"事件"是闪电图标，代表着某种时机；而"事件响应函数"是方块图标，代表它是一个函数。从逻辑上说，就是该函数被指定用来响应指定事件的意思。因此，多个不同的事件指向同一个事件响应函数也是可行的(前提是各事件的委托签名相同)。

2.4　状态栏

状态栏通常显示在应用程序窗体的底部，向用户提供应用程序相关的信息，如 Word 应用程序底部的状态栏如图 2-15 所示。

图 2-15

状态栏上提供了当前编辑页面的页信息，显示所编辑内容的行信息、列信息以及文档是插入状态还是改写状态。

2.4.1　创建状态栏

要创建状态栏，需要创建类 StatusStrip 的对象。图 2-16 列出了窗体设计器上的状态栏控件。

把状态栏控件添加到窗体上的效果如图 2-17 所示。

单元二　WinForm界面控件

图 2-16　　　　　　　　　图 2-17

状态栏的常用属性和事件与工具栏非常相似，此处不再重复列出。

2.4.2　添加状态栏项

能够在状态栏上添加的项有标签、进度条、下拉按钮和分隔条，如图 2-17 所示。

也可以在选中状态栏后通过修改 Items 属性打开"项集合编辑器"对话框为状态栏添加若干项，如图 2-18 所示。

图 2-18

示例：在前面开发的程序中主窗体的底部添加一个状态栏，在状态栏上面添加若干个状态栏项，用"计时器控件"控制状态栏上显示的当前时间每秒改变一次。具体步骤如下。

(1) 添加了状态栏的窗体如图 2-17 所示。

(2) 在"项集合编辑器"对话框中修改每一个项的属性。

(3) 在窗体上添加一个 Timer 控件，修改其属性让 Timer 控件每秒响应一次。

Timer 控件响应的代码如下所示。

```
private void tmr_Tick(object sender, EventArgs e)
{
    //每秒响应一次，每响应一次让状态栏的当前时间刷新一次
```

```
//得到系统当前时间
DateTime time = DateTime.Now;
//小时部分
string hour = time.Hour.ToString();
//分钟部分
string minute = time.Minute.ToString();
//秒部分
string second = time.Second.ToString();
//组合成要显示的字符串
string strTime = "当前时间：" + hour + ":" + minute + ":" + second;
//在状态栏项上显示出来
staLabelTime.Text = strTime;
}
```

运行程序，效果如图 2-19 所示。

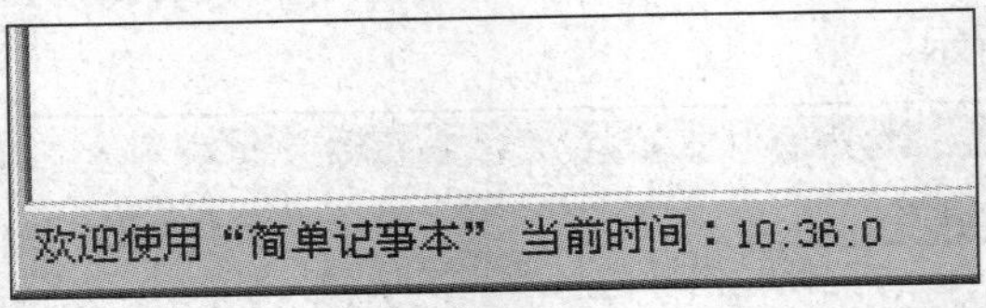

图 2-19

【单元小结】

- 各种不同的菜单的使用和托盘图标
- 工具栏、状态栏的创建及其项的添加

【单元自测】

1. 为菜单添加快捷键的属性是( )。
   A. ShortcutKeys　　B. Keys　　　　C. MenuKeys　　D. MenuShortcutKeys
2. 以下关于托盘菜单控件描述正确的是( )。
   A. 托盘菜单控件是菜单控件派生而来的
   B. 托盘菜单是一个菜单项
   C. 托盘菜单的托盘图标默认和项目的 Icon 图标一样
   D. 托盘菜单的托盘图标必须设置 Icon 属性才能显示
3. 在工具栏中表示工具栏按钮控件集合的属性是( )。
   A. Button　　　　B. Buttons　　　　C. Item　　　　D. items

【上机实战】

上机目标

- 掌握菜单及不同形式菜单的使用
- 掌握工具栏及状态栏的使用
- 了解图像列表的使用

上机练习

◆ 第一阶段 ◆

练习 1：制作一个记事本

【问题描述】
模仿 Windows 操作系统的记事本进行界面设计。

【问题分析】
- 需要一个窗体，窗体上的菜单项和记事本的菜单项相似。
- 需要为该多文档窗体添加一个工具栏，用于快捷操作。
- 需要为该多文档窗体添加一个状态，以及一个处于多行状态下的文本框。

【参考步骤】
(1) 打开 Visual Studio .NET 2008 集成开发环境，新建一个项目 Note，可以得到一个新的窗体。
(2) 表 2-5 中列出了该窗体的属性设置。

表 2-5

控件	属性
Form	Name：FrmNote Text：简单记事本

(3) 为窗体添加以下菜单。
- 文件：新建、打开、保存、另存为、页面设置、打印、退出。
- 编辑：撤销、剪切、复制、粘贴。
- 帮助：帮助、关于。

(4) 为窗体添加工具栏，以上步骤完成后，窗体显示效果如图 2-20 所示。

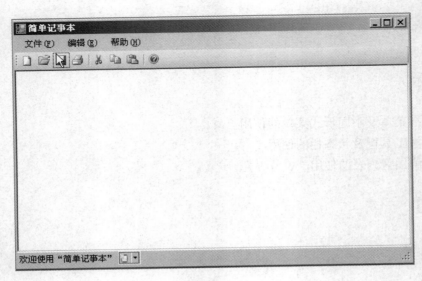

图 2-20

(5) 为主窗体的"新建"菜单添加 Click 事件。

```
private void mnuNew_Click(object sender, EventArgs e)
{
    textBox1.Clear();
}
```

(6) 为主窗体的"退出"菜单添加 Click 事件。

```
private void mnuExit_Click(object sender, EventArgs e)
{
    //提示用户是否真的退出
    if (MessageBox.Show("你真的要退出当前应用程序吗？","退出提示",
        MessageBoxButtons.YesNo,MessageBoxIcon.Question,
        MessageBoxDefaultButton.Button2) == DialogResult.Yes )
    {
        //退出应用程序
        Application.Exit();
    }
}
```

(7) 为主窗体上的工具按钮添加 Click 事件。

```
//直接调用菜单项的事件
mnuNew_Click(null, null);
```

(8) 利用已经掌握的"文件流"知识点，编写打开磁盘文件和保存到磁盘的功能。

```
private void mnuSave _Click(object sender, EventArgs e)
{
    StreamWriter sw = File.CreateText("d:\\123.txt");
```

```
        sw.Write(textBox1.Text);
        sw.Close();
}

private void mnuSaveOpen_Click(object sender, EventArgs e)
{
        textBox1.Text = File.ReadAllText("d:\\123.txt");
}
```

思考一下,以上代码中的常量文件路径是否存在问题?接着做如下改进。

(9) 向界面上拖曳 OpenFileDialog 和 SaveFileDialog 控件各一个,命名为 dlgOpen 和 dlgSave,如图 2-21 所示。

图 2-21

(10) 改写以上代码如下。

```
private void mnuSave _Click(object sender, EventArgs e)
{
        DialogResult result = dlgSave.ShowDialog();
        if (result != System.Windows.Forms.DialogResult.OK)
        {
                return;
        }
        StreamWriter sw = File.CreateText(dlgSave.FileName);
        sw.Write(textBox1.Text);
        sw.Close();
}

private void mnuSaveOpen_Click(object sender, EventArgs e)
{
        DialogResult result = dlgOpen.ShowDialog();
        if (result != System.Windows.Forms.DialogResult.OK)
        {
                return;
        }
        textBox1.Text = File.ReadAllText(dlgOpen.FileName);
}
```

(11) 在设计视图中,利用属性面板,对 dlgSave 和 dlgOpen 的各项属性进行尝试,看一看各种属性在运行时有什么不同的效果。

(12) 记事本可以通过和打开、保存对话窗类似的对话窗控件一样,简单地拥有字体、颜色调整功能。编写代码与上面几乎完全一样,只是所用的控件变成了颜色对话窗 ColorDialog 和字体对话窗 FontDialog 。其运行效果如图 2-22 所示(代码自行编写)。

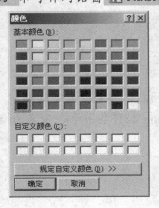 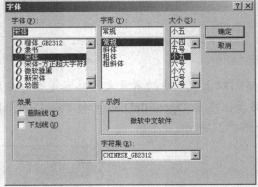

图 2-22

练习 2:在任务栏显示鼠标位置

【问题描述】

有些时候,我们需要记录鼠标在窗体上的点坐标,所以在窗体上添加一个任务栏,用于显示鼠标在窗体上的位置。

【问题分析】

- 新建一个窗体,在窗体上添加一个任务栏。
- 为窗体上的鼠标移动编写事件。
- 在任务栏上显示鼠标在窗体上的位置。

【参考步骤】

(1) 打开 Visual Studio .NET 2008 集成开发环境,新建一个项目 MouseMovePoint,可以得到一个新的窗体。

(2) 在新窗体中添加一个任务栏。

(3) 表 2-6 中列出了该窗体及窗体上的控件的属性设置。

表 2-6

控 件	属 性
Form	Name: FrmMouseMove Text: 记录鼠标 MaximizeBox:False
StatusStrip	Name: stb
ToolStripStatusLabel	Name: stbLabel Text: X:0,Y:0

(4) 设计的窗体界面如图 2-23 所示。

图 2-23

(5) 为窗体的鼠标移动事件添加如下代码。

```
private void FrmMouseMove_MouseMove(object sender, MouseEventArgs e)
{
    //得到鼠标当前的位置
    string strPoint = "X:" + e.X.ToString() + ",Y:" + e.Y;
    //在状态栏上显示出来
    this.stbLabel.Text = strPoint;
}
```

◆ 第二阶段 ◆

练习 3：通过菜单栏的不同菜单项控制窗体以不同的透明度显示

【问题描述】

在 QQ 应用程序中有一个设置窗体透明度的功能，本练习也在第一阶段练习的基础上添加"透明度"菜单，如图 2-24 所示。

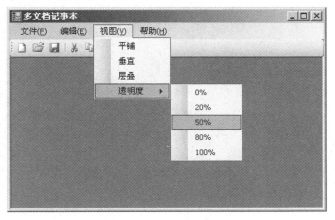

图 2-24

为窗体添加代码,以确保单击不同菜单时窗体的透明度也是不一样的。

【问题分析】
- 首先为"视图"菜单添加"透明度"菜单,其中包括多个子菜单。
- 为不同的透明度菜单添加事件,将窗体的透明度设置成该值。
- 关于窗体透明度的设置,请查阅 MSDN 完成。

【拓展作业】

1. 为练习 1 所设计的窗体应用程序添加一个托盘图标,如图 2-25 所示。

图 2-25

2. 为练习 1 所设计的窗体添加快捷菜单,并将快捷菜单设置到窗体的托盘图标上,当右击托盘图标时弹出快捷菜单,如图 2-26 所示。

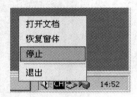

图 2-26

3. 设计一个"关于"窗体,在"帮助"菜单的"关于"菜单项被单击时弹出该窗体。

单元三 WinForm 内容控件

 课程目标

- ► 掌握 ImageList、Timer、PictureBox、ComboBox 控件的使用
- ► 熟悉 RadioButton、CheckBox、GroupBox、ProgressBar、TabControl 控件的使用
- ► 掌握控件布局的操作

简 介

前面我们学习了 WinForm 的基本编写模式，掌握了标签控件、文本框控件、按钮控件、列表框控件及工具栏、各种菜单的使用技巧，还学习了窗体之间的数据的传递方式。使用这些知识，可以完成一个简单的 Windows 应用程序界面的设计和制作，但是往往我们还会需要一些特定功能的"控件"。在本单元中，我们将继续学习常用控件的使用方法和技巧，包括：ImageList、Timer 和 PictureBox 控件，RadioButton 和 GroupBox 控件，以及 ComboBox 和 TabControl 控件。

3.1 RadioButton、CheckBox 和 ComboBox

3.1.1 单选按钮和分组框

单选按钮(RadioButton)控件支持用户勾选和不勾选两种状态，在文字前面用一个可以勾选的圆点来表示。当同一个"容器"中有多个 RadioButton 控件时，它们会自动被识别为一组，一次只能有一个 RadioButton 控件被选中。所以，如果有三个选项，如 Red、Blue、Green，若 Red 被选中，而用户再去单击 Blue，则 Red 会自动被取消选中。这种特性适合于允许用户仅选取一个选项的情况。例如，用户对于性别的选择。

在工具箱里 ⊙ RadioButton 就是单选按钮控件，在窗体中添加一个 RadioButton 控件后，将会创建一个 RadioButton 类的实例。RadioButton 常用的事件和属性如表 3-1 所示。

表 3-1

属　性	描　述
Name	获取或设置控件的名称
Checked	布尔值，该值指示是否已选中控件
方　法	描　述
Focus	为控件设置输入焦点
Hide	对用户隐藏控件
Show	向用户显示控件
Click	在单击控件时发生
CheckedChanged	当 Checked 属性的值更改时发生

既然刚才提到"容器"的概念，所谓"容器"就是可以装控件的东西，比如窗体本身就是一个容器，那么，我们再来认识一种可以被作为"容器"的东西吧。分组框就是一个典型

的容器控件，我们可以使用 GroupBox 对单选按钮进行分组。工具箱中 GroupBox 图形就是分组框控件，在 WinForm 应用程序开发中，RadioButton 控件经常和 GroupBox 控件结合起来使用。下面通过一个简单的示例演示两个控件的用法。

编码标准：单选按钮控件前面加 rad 前缀，分组框控件前面加 grp 前缀。

(接上一单元示例)创建一个窗体 frmOption，在窗体中添加一个分组控件，在分组控件中添加两个 RadioButton，分别用来表示三种不同的字体，结果如图 3-1 所示(图中其余控件将在后面陆续讲到)。

该示例的功能是：用户可以对三种字体任意选定，我们希望在选择了一种字体后，马上改变(记事本程序)主窗体文本框中的字体效果，如图 3-2 所示。

图 3-1

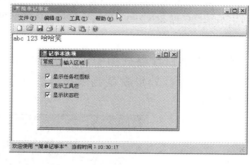
图 3-2

在主窗体中的"工具"菜单的"选项"菜单项中编写打开选项窗体的代码如下。

```
private void munOption_Click(object sender, EventArgs e)
{
    (new FrmOptions()).ShowDialog(this);
}
```

与单元一中不同的是，我们在 ShowDialog()方法调用时使用了一个带参数的重载，此处代表新创建(new)出来的选项对话窗的 Owner(即主人)是当前窗体(this，即记事本主窗体)，这样，在对话窗中，我们就可以利用 Owner 属性来控制主窗体中的文本框字体了。

然后再到选项窗体中编写选项改变事件，注意，这次我们不再双击控件生成事件响应函数了，而是直接编写。

```
private void radioChanged(object sender, EventArgs e)
{
    //默认值为宋体
    string selectedText = "宋体";
    foreach (Control ctr in grpTextFamily.Controls)
    {
            //对分组框内部的控件进行遍历，如果不是"单选框"控件，就略过，那么剩下的
                就一定都是单选框了
        if (!(ctr is RadioButton))
        {
            continue;
```

```
        }
        //思考一下，为什么这里需要 as 关键字进行拆箱，而不直接使用 ctr.Checked？
        bool isSelect = (ctr as RadioButton).Checked;
        if (isSelect)
        {
            selectedText = ctr.Text;
            //一旦找到第一个，后面的就无须继续循环。直接退出循环过程
            break;
        }
    }
    //此时的 selectedText 属性就是被选中的项了
    //我们需要将主界面文本框的字体修改掉。需要事先把文本框设置为 public，否则无法使用
    (this.Owner as FrmMain).tbText.Font = new Font(selectedText, 12);
}
```

接下来到设计器视图中进行事件的指派，这个过程其实就是以前 C#课程中学习过的"委托"。运行效果就是当单击改变字体时，文本框中的字体被"实时"地更改了，如图 3-3 所示。

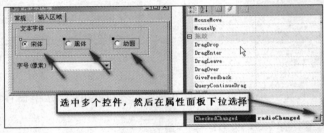

图 3-3

3.1.2 复选框 CheckBox 控件

复选框(CheckBox)和单选按钮一样，也支持勾选和不勾选两种状态，在文字前面用一个勾选的框来表示。所不同的是，复选框可以允许用户选取多个选项。

在窗体中添加一个 CheckBox 控件后，将会创建一个 CheckBox 类的实例。图标 ☑ CheckBox 为工具箱公共控件中的复选框控件。

复选框的常用属性、方法和事件与单选按钮非常相似，不再重复列出。由于复选框不需要每个个体之间互斥，所以不必像单选框一样严格拘泥于容器的限制。

编码标准：在复选框控件名前面加 chk 前缀。

下面通过一个示例来说明 CheckBox 控件的用法，效果如图 3-2 所示。我们将主窗体的任务栏图标、工具栏、状态栏控件均设置为 public 权限，然后对每一个单独的复选框生成一个事件，代码如下。

```
private void chkIcon_CheckedChanged(object sender, EventArgs e)
{
    //任务栏图标的可见性，与勾选状态一致
```

```csharp
            (this.Owner as FrmMain).notifyIcon1.Visible = chkIcon.Checked;
}

private void chkToolbar_CheckedChanged(object sender, EventArgs e)
{
            //工具栏的可见性与勾选状态一致
            (this.Owner as FrmMain).toolStrip1.Visible = chkToolbar.Checked;
}

private void chkState_CheckedChanged(object sender, EventArgs e)
{
            //状态栏的可见性与勾选状态一致
            (this.Owner as FrmMain).statusStrip1.Visible = chkState.Checked;
}
```

3.1.3 组合框 ComboBox 控件

回顾单元一中学习的 ListBox 控件，它显示所有选项的列表。组合框也叫下拉列表框，可以通过下拉列表列出用户可做出的选择，并允许用户选择其中一项，程序可以读取被选择的项，从而得到用户数据。组合框控件(ComboBox)与列表框控件(ListBox)的常用属性和事件非常相似，如表 3-2 所示。

表 3-2

属　　性	说　　明
DropDownStyle	获取或设置组合框控件的样式，为一个枚举值
Items	获取 ComboBox 中的所有项
SelectedIndex	获取 ComboBox 中当前选中项的从零开始的索引
SelectedItem	获取 ComboBox 中的当前选中的项
Text	获取 ComboBox 中当前选中项的文本
方　　法	说　　明
SelectAll	选择 ComboBox 可编辑部分中的所有文本
事　　件	说　　明
SelectedIndexChanged	在SelectedIndex属性更改后发生

组合框控件结合了文本框和列表框控件，通过设置 DropDownStyle 属性，指定最终用户是否可以在组合框控件中输入文本信息，即只准下拉、可下拉或输入。

图标 ComboBox 为工具箱中的下拉列表控件。图 3-1 中显示字号选择的控件就是一个 ComboBox。我们可以改写上述代码，实现不仅仅更改字体，同时也能更改字号的功能。

编码标准：在下拉列表控件名前面加 cbo 前缀。

```
//上面的代码无须变化

//字号是常量 12，显然这是不合适的，由此处开始修改
//(this.Owner as FrmMain).tbText.Font = new Font(selectedText, 12);

//字号默认值 12
float size = 12;
//尝试转换数据类型
float.TryParse(cboSize.Text, out size);
//修改字体的同时，加上字号变量(而不是之前的常量 12)
(this.Owner as FrmMain).tbText.Font = new Font(selectedText, size);
```

运行效果请自行观察。

3.2 PictureBox、Timer 和 ImageList 控件

3.2.1 图片框控件

图片框控件(PictureBox)用于显示各种格式的图片，包括*.bmp(位图文件)、*.gif、*.jpg、*.ico(图标文件)等。

在窗体中添加一个 PictureBox 控件后，将会创建一个 PictureBox 类的实例。图标 PictureBox 为工具箱中的图片框控件。默认情况下图片框控件是不带边框的，可以通过设置图片框的 BorderStyle 属性为 FixedSingle 来为图片框加上边框。表 3-3 列出了 PictureBox 控件常用的属性和方法。

表 3-3

属　　性	说　　明
Image	获取或设置 PictureBox 显示的图片
SizeMode	设置如何显示图像。可以指定几种不同的模式，如 AutoSize、CenterImage、Normal 和 StretchImage。默认为 Normal
方　　法	说　　明
Show	用于向用户显示控件

编码标准：在图片框控件名前面加 pic 前缀。

3.2.2 定时器 Timer 控件

定时器控件(Timer)在上一单元中曾经出现过，它可以使程序每隔一定的时间来执行相同的任务。定时器控件按照指定的时间间隔来触发事件，用户可以使用这个事件来执行周期性的操作。图标 Timer 在工具箱中表示定时器控件。它的主要属性、方法和事件如表 3-4 所示。

表 3-4

属　　性	说　　明
Enabled	指定时钟是否处于运行状态，是否可以触发事件
Interval	指定定时器控件触发事件的时间间隔，单位为毫秒
方　　法	说　　明
Start()	启动时钟，即把定时器控件的 Enabled 属性设置为 True
Stop()	停止时钟，即把定时器控件的 Enabled 属性设置为 False
事　　件	说　　明
Tick	每当用户指定的时间间隔到达后所要执行的事件

编码标准：在定时器控件名前面加 tmr 前缀。

定时器控件在运行时是不可见的，当把定时器控件添加到窗体上时，该控件会被安排到窗体的下方显示，与任务栏图标等控件类似。

3.2.3　图像列表

图像列表(ImageList)控件用于存储其他控件(如 PictureBox 控件等)需要的图像。用户在图像列表中保存的图像可以是图片(*.bmp、*.gif、*.jpg 等)和图标(*.ico)。图像列表控件与定时器控件一样，添加该控件不会在窗体上显示，而是显示在窗体下方。

图像列表控件中的图像保存在它的 Images 属性中，这个属性是一个集合，可以在设计窗体下通过单击"属性"窗体中的 Images 旁边的"…"按钮打开"图像集合编辑器"对话框，为其添加图像，如图 3-4 所示。

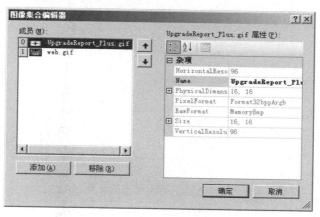

图 3-4

图像列表控件是用来存储其他控件需要的图片的，那么其他的控件怎么使用 ImageList 控件中的图片呢？下面的代码片段演示了如何通过 ImageList 控件中的图片，来设置一个按钮上面演示的图片。

```
//设置按钮所使用的图像列表
btnOK.ImageList = img;
//设置按钮控件所使用的图像是图片集合中的第一张
btnOK.ImageIndex = 0;
```

其他控件想使用 ImageList 控件中的图片，也可以通过访问 ImageList 控件的 Images 属性，以集合(可以理解为数组)的形式访问。下面通过一个综合示例，来演示以上三个控件的使用方法。示例中有三个控件，分别是 ImageList 控件、Timer 控件、PictureBox 控件，通过 Timer 控件，每隔 2 秒钟在 ImageList 控件中读取一个图片显示在 PictureBox 控件中。

用 Visual Studio 2008 创建该应用程序的步骤如下。

(1) 在解决方案中添加窗体 FrmAbout。
(2) 设计如图 3-5 所示的窗体。
(3) 为 ImageList 加入若干图片。
(4) 设置定时器时间间隔为 2000 毫秒。
(5) 编写定时器响应代码。

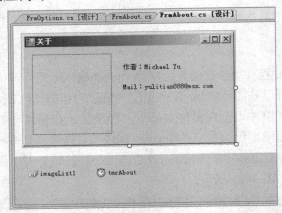

图 3-5

```
private void FrmAbout_Load(object sender, EventArgs e)
{
    //窗体已启动，开启计时器
    tmrAbout.Start( );
}

//初始从第一张图片开始
int i = 0;
private void tmrAbout_Tick(object sender, EventArgs e)
{
    //设置图片框显示的图片是图片列表中的第 i 项
    this.picAbout.Image = this.imgList.Images[i];
    //i 每次自增
    i++;
    //如果自增到头了，比最大的图片序号还大，则回头再从 0 开始
```

```
        if (i == this.imgList.Images.Count)
        {
            i = 0;
        }
    }
```

执行效果就是每隔2秒自动替换一张图片。

上面示例中,在窗体类文件中定义了一个变量i——用来循环计数图片的索引。在Timer控件的Tick事件中,通过数组索引的方式选取ImageList控件的一张图片给PictureBox控件显示。

3.3 进度条 ProgressBar 控件

进度条(ProgressBar)控件使用矩形方块从左至右显示某一过程的进度情况。例如,在复制某一文件时,常常有一个代表安装进度的变化长条,这种能够表示进度的长条就是进度条。图标 ProgressBar 所示为工具箱中的进度条控件。

表3-5中列出了进度条控件支持的部分属性和方法。

表 3-5

属　　性	说　　明
Maximum	该属性表示进度条控件的最小值,默认为100
Minimum	该属性表示进度条控件的最大值,进度条从最小值开始递增,直到达到最大值,默认值为0
Step	获取或设置调用PerformStep()方法增加进度条的当前位置时所根据的数量
Value	获取或设置进度条的当前位置
方　　法	说　　明
Increment()	按指定的数量增加进度条的当前位置
PerformStep()	按照Step属性的数量增加进度条的当前位置

编码标准:在进度条控件名前面加 pgr 前缀。进度条控件效果如图3-6所示。

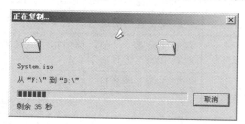

图 3-6

3.4 选项卡

选项卡控件(TabControl)由多个选项卡子控件构成，每个选项卡都是一个独立的"容器"，因此选项卡中可包含其他控件，这种控件在 Windows 操作系统中的许多地方都可以找到，如文件的"属性"对话框、控制面板中的"网络配置"对话框等。

在图 3-1 和图 3-2 中，我们就分别使用了两个选项卡来演示单选框和复选框的不同功能。

在工具箱中的选项卡控件的图形是 TabControl。

TabControl 控件最重要的属性是 TabPages，该属性可以获取和设置控件中所包含的选项卡集合。单击选项卡时，将触发被单击的 TabPage 对象的 Click 事件。在 TabControl 控件的"属性"窗体中单击 TabPages 属性右边的"…"按钮，显示"TabPage 集合编辑器"对话框，如图 3-7 所示。

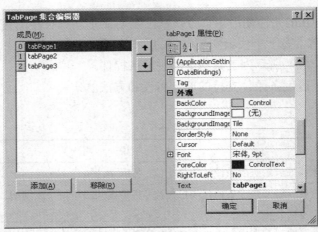

图 3-7

表 3-6 列出了选项卡控件支持的主要常用属性和事件。

表 3-6

属　　性	说　　明
MultiLine	获取或设置一个值，该值指示是否允许多行选项卡
SelectedIndex	获取或设置当前选定的选项卡页的索引
SelectedTab	获取或设置当前选定的选项卡页
ShowToolTips	获取或设置一个值，该值指示当鼠标移到选项卡上时是否显示该选项卡的"工具提示"
TabCount	获取选项卡的数目
事　　件	说　　明
SelectedIndexChanged	更改 SelectedIndex 属性时，将触发该事件

编码标准：在选项卡控件名前面加 tab 前缀。

3.5 控件布局

控件添加到窗体上以后，可以使用多种方式对它们进行调整，包括对齐、调整大小和间隔等。要调整控件的格式，首先要在窗体中选择要调整的控件，然后通过"格式"菜单或快捷菜单中的命令或者工具栏上的格式按钮来进行调整。

3.5.1 对控件进行分层

添加到窗体上的控件可以参照窗体的 Z 轴进行分层，位于上面的控件将"覆盖"位于下面的控件。也可以在设计时使用窗体设计器对控件进行分层。首先在窗体中选择一个控件，右击该控件，在弹出的菜单中选择"置于顶层"或者"置于底层"使该控件置于窗体的顶层或底层。

另外，也可以在代码中把控件置于窗体 Z 轴的顶层或底层，例如，下面的代码把按钮置于顶层：控件名.BringToFront()；或置于底层：控件名.SendToBack()。

注意，由于控件之间会有叠加覆盖的效应，因此，在处理容器型控件时，有可能因为鼠标经过错误的拖曳位置而把控件放到了某个不该放的容器中。这种情况下，用鼠标操作是不明智的。推荐使用"文档大纲"视图进行操作。打开"文档大纲"的方法是单击"主菜单视图"|"其他窗口"|"文档大纲"，然后在该视图中进行拖放处理，可以轻松地调整控件的 Z 轴顺序和容器包含关系。

3.5.2 在窗体中定位控件

在窗体中定位控件有两种方法：在窗体设计器中通过拖动控件进行定位和使用控件的 Location 属性来定位控件。控件的位置是指相对于它的父容器的位置，用像素表示。

 注意

在窗体中选择控件之后使用键盘上的箭头键可以对控件的位置进行微调。

在窗体设计器中通过拖动控件可以定位控件，也可以通过修改 Location 属性的 X 值和 Y 值来改变控件所在的位置。

还可以在代码中对控件的位置进行设置。

```
控件名.Location = new System.Drawing.Point(100,100);
//改变控件的位置
控件名.Left = 10;
控件名.Top += 70;
```

3.5.3 改变控件的大小

要更改控件的大小，可以在窗体设计器模式下使用鼠标直接拖动控件的大小，也可以通过设置或修改控件的 Size 属性来确定控件的大小，如下所示。

```
//设置"确定"按钮的大小
控件名.Size = new System.Drawing.Point(80,80);
```

3.5.4 相对于窗体的边框固定控件

可以使用控件的 Anchor 属性使控件的位置相对于窗体某一边固定，改变窗体的大小时，控件的位置也会随之改变而保持这种相对距离不变。还可以使用"属性"窗体改变 Anchor 属性，如图 3-8 所示。

其中，选中的方框会变成灰色显示，就表示控件相对于窗体的这条边距离是不变的。

也可以通过修改控件的 Dock 属性，让控件停靠在窗体的某一边上，使用"属性"窗体设置 Dock 属性如图 3-9 所示。可以选择对应的矩形方块，控件就会在窗体对应的部分停靠显示，默认情况是"None"，控件在窗体上以绝对位置出现。

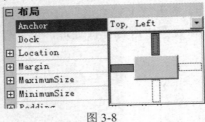

图 3-8

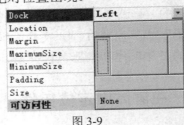

图 3-9

3.5.5 设置控件的 Tab 键顺序

控件的 Tab 键决定了当用户按下键盘上的 Tab 键时，获得焦点的控件发生改变的顺序。默认情况下的顺序就是控件添加到窗体上的顺序，可以通过 TabIndex 属性来改变它。

【单元小结】

- 桌面应用程序中的单选按钮的使用
- 可以使用分组框对控件进行分组
- 用 PictureBox 控件可显示图片
- 使用图像列表控件存取图像
- Timer 控件是用于计时的计时器控件，可以重复执行 Tick 事件
- 用选项卡控件可对窗体上的控件进行分类

【单元自测】

1. 能够得到选项卡控件的选项卡个数的属性是(　　)。
   A. Multiline　　　B. SelectIndex　　　C. Count　　　D. TabCount
2. 单选按钮中用于判断用户选择该组件的属性是(　　)。
   A. Check　　　B. Select　　　C. Checked　　　D. Selected
3. 以下关于列表框和组合框的描述正确的是(　　)。
   A. 列表框可以做多项选择
   B. 组合框可以做多项选择
   C. 列表框和组合框都可以做多项选择
   D. 列表框和组合框都不能做多项选择
4. 要让图片框控件显示图片时控件和所显示的图片一样大，需要将图片框控件的 SizeMode 属性设置成(　　)。
   A. AutoSize　　　B. CenterImage　　　C. StretchImage　　　D. Normal
5. 要让控件相对于窗体的某一边框固定，需要设置控件的(　　)属性。
   A. Dock　　　B. Location　　　C. Margin　　　D. Anchor

【上机实战】

上机目标

- 掌握使用 RadioButton、CheckBox 和 GroupBox 控件读取客户信息
- 使用 ComboBox 控件完成功能
- 掌握 PictureBox、ImageList 控件的使用
- 会使用 ProgressBar 控件
- 窗体和窗体间的信息传递

上机练习

◆ 第一阶段 ◆

练习1：制作一个记录学生信息的窗体，将其信息显示在显示窗体

【问题描述】

在学生信息管理系统中需要有一个记录学生信息的窗体，创建该窗体，在窗体中添加上需要使用的控件，并编码实现信息记录的功能，把信息传递给显示窗体。

【问题分析】
- 根据要求添加相应控件，得到所要记录的学生信息。在窗体上添加不同的控件用于记录不同的信息。
- 单击信息录入窗体的提交按钮，将学生信息传递给信息显示窗体。

【参考步骤】

(1) 打开 Visual Studio .NET 2008 集成开发环境，新建一个项目 StuInfo，同时新建了一个新的窗体。

(2) 默认的窗体名为 Form1，将其修改为 FrmStuInfo。

(3) 为窗体添加控件，表3-7 中列出了该窗体中各个控件及其属性。

表 3-7

控 件	属 性
Form	Name：FrmStuInfo Text：学生信息 MaximizeBox：False
Label	Name：lblName Text：姓名
Label	Name：lblProvince Text：籍贯
Label	Name：lblTel Text：电话
Label	Name：lblHobby Text：爱好
TextBox	Name：txtName Text：空
TextBox	Name：txtTel Text：空
GroupBox	Name：gbxSex Text：空
GroupBox	Name：gbxHobby Text：空
RadioButton	Name：rdoM Text：男
RadioButton	Name：rdoF Text：女
CheckBox	Name：chkGame Text：游戏
CheckBox	Name：chkFootBall Text：足球

(续表)

控件	属性
CheckBox	Name：chkRead Text：阅读
CheckBox	Name：chkSleep Text：睡觉
ComboBox	Name：cboProvince Items：北京 上海 天津 重庆 深圳 湖北 四川 海南
pictureBox	Name：picImage SizeMode：CenterImage
Button	Name：btnAddImage Text：加载照片...
Button	Name：btnSubmit Text：提交
Button	Name：btnExit Text：退出

(4) 信息录入窗体界面设计好后的效果如图3-10所示。

(5) 将以下代码添加到"加载照片"(btnAddImage)按钮的Click事件中。

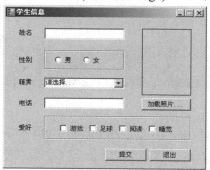

图 3-10

```
private void btnAddImage_Click(object sender, EventArgs e)
{
    //定义一个打开文件的对话框
    OpenFileDialog odlg = new OpenFileDialog();
    //判断是否选择了文件
    if (odlg.ShowDialog() == DialogResult.OK)
    {
        //得到打开文件对话框打开的图片所在的路径
        string strImagePath = odlg.FileName;
        if (strImagePath != "")
        {
            //创建图片对象
            Image objImage = Image.FromFile(strImagePath);
```

```
            //加载到 PictureBox 控件上来
            picImage.Image = objImage;
        }
    }
}
```

(6) 将以下代码添加到"退出"(btnExit)按钮的 Click 事件中。

```
if ( MessageBox.Show("你是否真的要退出当前应用程序？", "退出提示",
         MessageBoxButtons.YesNo, MessageBoxIcon.Question,
         MessageBoxDefaultButton.Button2)==DialogResult.Yes )
{
    Application.Exit();
}
```

(7) 右击项目名，在弹出的菜单中选择"添加"|"窗体"，为该项目添加一个显示学生信息的窗体。为添加上的窗体命名为 FrmShowInfo，生成 FrmShowInfo.cs 窗体类文件。

(8) 设计显示信息窗体界面如图 3-11 所示。

图 3-11

(9) 在生成的 FrmShowInfo.cs 文件中，给 FrmShowInfo 窗体类的构造方法添加以下代码。

```
public FrmShowInfo(string stuInfo)
{
InitializeComponent();
this.txtInfo.Text = stuInfo;
}
```

(10) 为窗体 FrmStuInfo 上的"提交"(btnSubmit)按钮添加 Click 事件代码。

```
private void btnSubmit_Click(object sender, EventArgs e)
{
string name;
string sex;
string province;
string tel;
string hobby;
string image;
    //为姓名属性赋值
```

```
name = txtName.Text;
//为性别属性赋值
if (rdoM.Checked)
{
    sex = rdoM.Text;
}
else
{
    sex = rdoF.Text;
}
//为籍贯属性赋值
province = cboProvince.Text;
tel = txtTel.Text;
//为爱好属性赋值
hobby = "";
foreach (CheckBox obj in gbxHobby.Controls)
{
    if (obj.Checked)
    {
        hobby += obj.Text;
    }
}
//为照片属性赋值
image = odlg.FileName;
//把学生信息组合成字符串
string strInfo = "姓名：" + name + "\r\n 性别："
    + sex + "\r\n 籍贯：" + province + "\r\n 电话："
    + tel + "\r\n 爱好：" + hobby + "\r\n 照片" + image;
    //创建显示学生信息的窗体
    FrmShowInfo objFrom = new FrmShowInfo(strInfo);
    objFrom.ShowDialog();
}
```

(11) 程序运行结果如图 3-12 和图 3-13 所示。

图 3-12

图 3-13

(12) 有没有觉得性别和爱好位置的分组框边线很不协调？尝试一下用 panel 控件来替代。

◆ 第二阶段 ◆

练习2：猜数游戏

【问题描述】

创建窗体应用程序，实现如图 3-14 所示的界面，该程序用来生成一个随机数字，根据该随机数字对比用户猜测的结果。允许用户选择随机数范围，1～50 或 1～100 之间。用户只有 5 次机会。

图 3-14

【问题分析】

- 新建一个 Windows 窗体应用程序，设计如图 3-14 所示的界面。
- 在窗体中添加相应控件，正确设置控件属性。
- 使用 Random 类生成随机数。
- 使用 ProgressBar 控件显示用户尝试次数。
- 比较 5 次后，提示用户相应信息。

【拓展作业】

创建一个简单的测试程序，共有三个问题，每个问题有多个选项可以选择。用户从中选择一个选项作为答案。三个问题至少答对两个才算及格，如图 3-15 所示。在得分窗体显示用户是否及格，用户及格或者不及格显示不同的图片，及格的图片如图 3-16 所示。

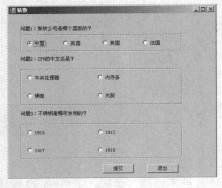

图 3-15

图 3-16

单元四 多文档窗体及控件布局

 课程目标

- ▶ 掌握 MDI 窗体的设计
- ▶ 熟悉 TreeView、Splitter、SplitContainer 控件的使用

 简 介

在前面我们编写了一个类似于 Windows 记事本的"简单记事本"程序。这个程序与常见的各种 Windows 程序类似，都是由一个主窗体来执行主要任务，同时，使用弹出的窗体或者对话窗体来实现各种其他功能的交互式操作。我们把这种由单一窗体构成的程序界面称为 SDI 窗体，即单文档界面。而某些时候，我们会使用到更加复杂一些的窗体组成形式，这就是本单元将要学习的 MDI 窗体的编写。

4.1 MDI 窗体

4.1.1 MDI 窗体概述

所谓多文档窗体(Multiple-Document Interface，MDI)，就是可以在一个界面中同时对多个文档进行操作的窗体。多文档窗体最典型的例子就是 Microsoft Excel 制表程序。在 Excel 中，可以同时打开多个工作簿进行操作，对一个新打开的工作簿进行操作时，不会影响也不需要关闭原来的工作簿，如图 4-1 所示。

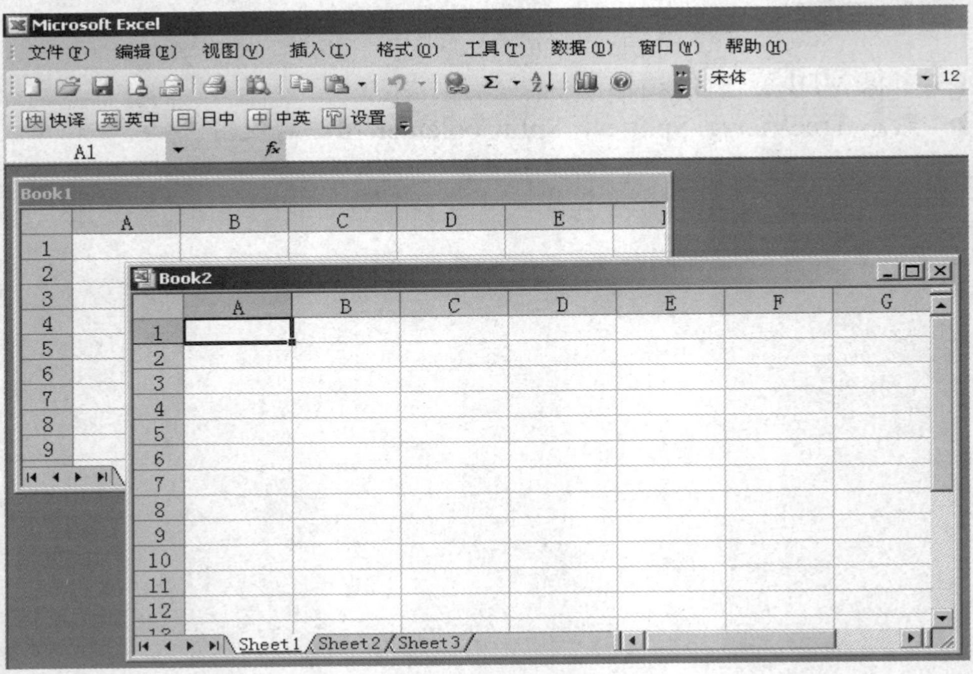

图 4-1

当然，在日常使用的时候，极少有图 4-1 所示的效果。通常我们会将 Excel 窗体最大化(它是默认的)运行。但是，我们也很容易地在右上角发现两个关闭按钮，如图 4-2 所示。

其中，外侧(即上方)的一个关闭按钮，可以理解为"关闭 Excel 程序"；内侧(即下方)的关闭按钮，可以理解成"关闭 Excel 文档"。这一点，大家可以自行实验感知一下。实际上，仔细观察一下我们使用的 Visual Studio 2008，你会发现什么？在控件工具箱、文档大纲工具箱、属性面板、解决方案资源管理器中，每个"部分"都有一个独立的关闭按钮，是不是？这说明，Visual Studio 本身也是一个 MDI 程序。

我们观察到，无论是外层窗体还是内层窗体，都拥有自己完整的功能结构，在编写这样的窗体时，是各自独立完成的。那么，我们又如何才能把窗体做成这样的"嵌套"关系呢？这就是我们本单元的任务之一。

图 4-2

4.1.2 编写 MDI 窗体

多文档应用程序(MDI)需要能同时打开多个子文档，所以多文档应用程序需要有一个窗体作为容器来存放多个"子窗体"，这个容器窗体通常就是主窗体，如 Word。其实多文档应用程序的主窗体和前面所介绍的普通窗体没有什么不同，只是把普通窗体的 IsMdiContainer 属性设置为 true，该窗体就设置成了 MDI 的主窗体，如图 4-3 所示为设置该属性为 true 后的界面。

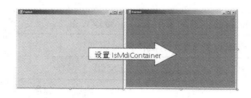

图 4-3

主窗体创建好之后，可以为主窗体添加子窗体。可以把多文档窗体的子窗体理解为显示在主窗体容器中的普通窗体。在项目中添加一个普通窗体(ChildForm)，设置其属性 MdiParent，当前窗体对象是父窗体(MDI 容器)，在"新建"菜单被单击的时候响应如下代码。

```
private void mnuNew_Click(object sender, EventArgs e)
{
    //创建子窗体
    ChildForm childform = new ChildForm();
    //为子窗体设置父窗体，this 指父窗体
    childform.MdiParent = this;
    //将父窗体显示出来
    childform.Show();
}
```

需要注意的是，我们以前所使用的各种属性，均可以在属性面板中生成，而无须编写代码。但是，MdiParent 属性的设置必须通过代码来完成。以上代码运行时的效果如图 4-4 所示，是不是很像 Excel？

图 4-4

子窗体显示时，只能在父窗体的可视区域内进行移动、改变大小等操作。如果子窗体包含有菜单，默认情况下子窗体本身并不显示菜单，这个菜单将会合并到主窗体中显示。当然也可以通过修改子窗体菜单的 ArrowMerge 属性为 false 来禁止默认合并到主窗体中去。

表 4-1 列出了 MDI 主窗体相关的属性、方法和事件。

表 4-1

属　　性	说　　明
MdiChildren	获取当前主窗体下所有的子窗体对象
MdiParent	获取或设置 MDI 子窗体的父窗体
ActiveMdiChild	获取当前活动(正在操作)的 MDI 子窗体
方　　法	说　　明
ActivateMdiChild()	激活某一子窗体
LayoutMdi()	在 MDI 父窗体中排列多个 MDI 子窗体
事　　件	说　　明
Close	关闭窗体时触发的事件
Colsing	正在关闭窗体时触发的事件
MdiChildActivate	激活或关闭 MDI 子窗体时，将会触发的事件

4.1.3　MDI 窗体布局

通过以上知识，我们不难发现，编写一个 MDI 界面的窗体程序其实一点儿也不麻烦，只需要简单的几行代码以及属性设置即可实现。那么我们也就可以顺理成章地把"简单记事本"程序改写成一个 MDI 程序，看起来就像高级文本编辑器 EditPlus 那样，如图 4-5 所示为 EditPlus 截图及说明。

单元四 多文档窗体及控件布局

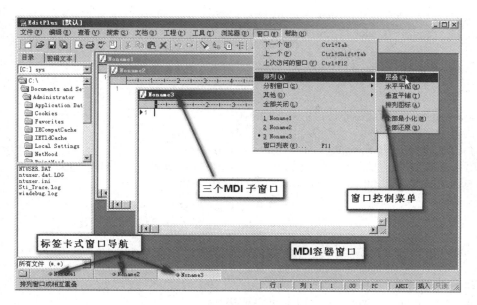

图 4-5

这里我们继续使用"简单记事本"项目。首先，删除原有的文本框 tbText，然后设置窗体的 IsMdiContainer 属性为 true。这时，原有的保存和打开按钮事件响应函数代码中会提示找不到 tbText 控件了，将代码注释掉即可。

接着编写一个窗体 FrmDocument，在其中放置一个文本框，依然起名为 tbText，然后将属性面板设置为 public 权限、多行、在窗体中 Fill 停靠。再回到主窗体，对"打开"菜单和工具栏按钮编写事件响应函数如下。

```
private void mnuNew_Click(object sender, EventArgs e)
{
    //和上面的代码没有什么不同
    FrmDocument newDoc = new FrmDocument();
    newDoc.MdiParent = this;
    newDoc.Show();
}
```

运行效果就是每单击一次"新建"菜单(或工具栏按钮)都生成一个新的文档窗体。当然，我们的"多文档记事本"虽然有了外观，但是已经不具备"打开"和"保存"的功能了——因为我们刚才已经把那些代码注释掉了，所以我们需要做如下修改。

```
private void stripButtonSave_Click(object sender, EventArgs e)
{
    //如果当前激活的子窗体不存在(即一个窗体也没有)，则直接退出函数执行过程，什么也不做
    if (this.ActiveMdiChild == null)
    {
        return;
    }
```

```csharp
        DialogResult result = dlgSave.ShowDialog();
        if (result != System.Windows.Forms.DialogResult.OK)
        {
            return;
        }

        StreamWriter sw = File.CreateText(dlgSave.FileName);

        //将 tbText 改为(this.ActiveMdiChild as FrmDocument).tbText
        //意为：当前活动的子窗体中的 tbText(因为每一个子窗体都有一个 tbText，所以需要指定)
        sw.Write((this.ActiveMdiChild as FrmDocument).tbText.Text);
        sw.Close();
}

private void stripButtonOpen_Click(object sender, EventArgs e)
{
        DialogResult result = dlgOpen.ShowDialog();
        if (result != System.Windows.Forms.DialogResult.OK)
        {
            return;
        }

        FrmDocument newDoc = new FrmDocument();
        newDoc.MdiParent = this;

        newDoc.tbText.Text = File.ReadAllText(dlgOpen.FileName);
        newDoc.Show();
}
```

到目前为止，我们已经把简单记事本改造成了 MDI 多文档记事本。下面我们来编写新增的"窗体"菜单，如图 4-6 所示，并为其编写代码。

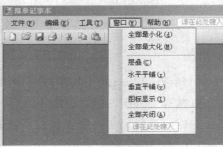

图 4-6

```csharp
private void mnuMin_Click(object sender, EventArgs e)
{
        //全部最小化，遍历每一个子窗体，依次将其最小化
        foreach (Form frm in this.MdiChildren)
        {
```

```csharp
            frm.WindowState = FormWindowState.Minimized;
        }
}

private void mnuMax_Click(object sender, EventArgs e)
{
    //全部最大化,遍历每一个子窗体,依次将其最大化
    foreach (Form frm in this.MdiChildren)
    {
        frm.WindowState = FormWindowState.Maximized
    }
}

private void 全部关闭 mnuCloseAll_Click(object sender, EventArgs e)
{
    //全部关闭,遍历每一个子窗体,依次将其关闭
    foreach (Form frm in this.MdiChildren)
    {
        frm.Close();
    }
}

private void mnuCascade_Click(object sender, EventArgs e)
{
    //设置层叠
    this.LayoutMdi(MdiLayout.Cascade);
}
private void mnuHorizontal_Click(object sender, EventArgs e)
{
    //设置水平平铺
    this.LayoutMdi(MdiLayout.TileHorizontal);
}

private void mnuVertical_Click(object sender, EventArgs e)
{
    //设置垂直平铺
    this.LayoutMdi(MdiLayout.TileVertical);
}

private void mnuIcons_Click(object sender, EventArgs e)
{
    //设置图标显示
    this.LayoutMdi(MdiLayout.ArrangeIcons);
}
```

以上代码即可实现在 MDI 容器窗体中,管理子窗体显示效果的功能。

4.1.4 MDI 窗体列表

在上一节中，实现了管理窗体显示效果的代码，但是我们发现，当 MDI 子窗体在最大化状态下运行时(如 Excel 默认的那样)，每次只有一个子窗体被显示出来，而其他子窗体都被"叠"到了下方。因此，我们需要使用某些方式让用户能够轻松地切换子窗体。

图 4-5 中的窗体菜单下半部分就是一个这样的窗体清单项。另外，在窗体的底部，也有一个用于窗体导航的，类似于"标签卡"式的选择器。本节我们来学习如何编写窗体列表。

编写窗体列表并不复杂，只需要选中主菜单控件，在属性面板中找到 MdiWindowsListItem 属性，然后下拉选择"窗体"菜单的名字即可，运行效果如图 4-7 所示。

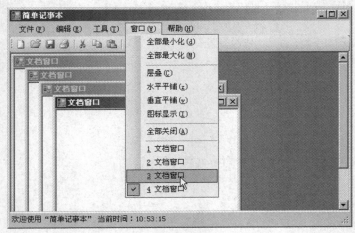

图 4-7

下面比较麻烦的是编写一个类似于"标签卡式"的窗体导航器。首先，我们使用一个叫作 FlowLayoutPanel 的容器控件，如图 4-8 所示。这个容器与我们常用的 Panel 或者 GroupPanel 的不同之处在于，它内部的空间是一个挨着一个，像排队一样布局，不接受拖放位置定位。如图 4-9 所示，我们在窗体的底部放置了一个 FlowLayoutPanel，并向其中拖放了 3 个按钮(仅作为界面示例，编写代码时请先删除)。

然后我们要做的就是：
- 每打开一个新的子窗体，就加载一个按钮到 FlowLayoutPanel 中。
- 每关闭一个子窗体，就在 FlowLayoutPanel 中移除对应的按钮。

图 4-8

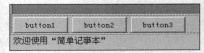

图 4-9

- 单击一个按钮的时候,将与之对应的子窗体激活。
- 当窗体被激活时,按钮要凹陷下去。

于是我们编写代码,修改"新建"菜单和工具栏图标按钮的事件响应函数,增加一些代码(粗体部分)。

```csharp
private void mnuNew_Click(object sender, EventArgs e)
{
    FrmDocument newDoc = new FrmDocument();
    newDoc.MdiParent = this;
    newDoc.Show();

    //新建一个按钮
    Button btn = new Button();

    //根据界面设计需要,设置一些属性(与使用属性面板等效,但是这个按钮在设计的时候并不会
      出现在设计器中,故而只能使用代码)
    btn.Height = 25;
    btn.Width = 60;
    btn.Margin = btn.Padding = new System.Windows.Forms.Padding(0);
    btn.Text = "文档窗体";
    btn.Font = new System.Drawing.Font("宋体", 9);

    //将刚才新建的按钮放到布局面板中
    fPnWindows.Controls.Add(btn);
    //为按钮添加"事件响应函数"
    btn.Click += new EventHandler(btn_Click);

    //此处极为重要
    btn.Tag = newDoc;
    newDoc.Tag = btn;
}

/// <summary>
///用来处理窗体导航按钮的事件响应函数。所有的窗体导航按钮都响应该事件,但是它们使用同
一个函数
/// </summary>
/// <param name="sender"></param>
/// <param name="e"></param>
void btn_Click(object sender, EventArgs e)
{
    //此处的 sender 就是被单击的按钮
    //同时由于窗体和按钮都被装箱成了 object,所以我们需要用 as 关键字拆箱
    //这句代码可以读作:"被单击的控件,拆箱还原为按钮。该按钮的 tag(存放有窗体的引用)被拆箱
      为 Form"
    Form current = (sender as Button).Tag as Form;
```

```
    //激活指定的窗体
    current.Activate();
}
```

mnuNew_Click 中最后两句最为重要，Tag 属性是控件用来存放自定义数据的属性，开发者可以任意指定，因为它是 Object 类型的。此处，我们指定按钮的"附加信息"等于窗体，而窗体的"附加信息"等于按钮，这样，就等于是建立了窗体与按钮之间的联系。通过窗体的 Tag 属性，我们就能操作按钮，反之亦然。

正是由于 Tag 被设置为对方的引用，所以在 btn_Click 事件响应函数中，我们就可以将 Tag 拆箱来当作按钮和窗体使用了。

接着来编写窗体关闭时移除按钮的代码，以下代码在 FrmDocument 窗体中编写 FormClosing 事件。

```
private void FrmDocument_FormClosing(object sender, FormClosingEventArgs e)
{
    //将tag 拆箱得到导航按钮。注意，其实导航按钮并不位于该窗体中，而是位于主窗体中，只要拥
     有对象的引用，就没有问题
    Button navBtn = this.Tag as Button;
    //可以读作："从导航按钮的父容器(面板)的控件集合中移除控件导航按钮"
    navBtn.Parent.Controls.Remove(navBtn);
}
```

以上代码已经完成了全部的实际功能，还有一些界面细节需要处理，即按钮凹陷效果。于是我们为 FrmDocument 加上 Activated 事件响应函数，即被激活后执行的功能。

```
void btn_Click(object sender, EventArgs e)
{
    Form current = (sender as Button).Tag as Form;

    //激活指定的窗体
    current.Activate();

    //首先将所有按钮都做成标准状态(凸出)
    foreach (Button btn in fPnWindows.Controls)
    {
        btn.FlatStyle = FlatStyle.System;
    }
    //然后将当前这个按钮凹陷
    (sender as Button).FlatStyle = FlatStyle.Flat;
}
```

至此，基本功能大体完成。为什么要说是"大体"完成呢？试试看在"窗体"菜单的窗体列表中单击一个窗体激活之后，看看导航按钮有没有跟着一起"联动"呢？发现了问题，剩下的就靠大家自己去尝试修正一下这个细节吧！提示一下，窗体有一个 Activated，即"激活后"事件可以使用！

4.2 TreeView 控件

在图 4-5 的 EditPlus 截图中，我们可以发现，左侧有一个"目录树"，在 Windows 资源管理器中也有同样功能的目录树结构。树状结构是一种便捷的导航形式，可用来处理各种分层形式的数据资源。

树视图(TreeView)控件就是一个用于可以显示层次结构的控件。树视图由一个个节点(TreeNode)构成，每一个节点还可以包含若干个子节点，每个节点都可以由标题和图像构成。在控件工具箱中的图标呈现为 TreeView。

表 4-2 中列出了树型视图支持的部分常用属性、方法和事件。

表 4-2

属 性	说 明
CheckBoxes	获取或设置一个值，用以指示是否在树视图控件中的树节点旁显示复选框
ImageIndex	获取或设置树节点显示的默认图像的图像列表索引值
Nodes	获取分配给树视图控件的树节点集合
SelectedImageIndex	获取或设置当树节点选定时所显示的图像的图像列表索引值
SelectedNode	获取或设置当前在树视图控件中选定的树节点
方 法	说 明
BeginUpdate()和 EndUpdate()	用于更新树视图控件
CollaspseAll()和 ExpandAll()	收起或展开树视图的所有节点
GetNodeCount()	返回根节点或所有节点的数目
事 件	说 明
BeforeCollapse	收起节点时就会触发的事件
AfterCollapse	收起节点后会触发的事件
BeforeExpand	展开节点时就会触发的事件
AfterExpand	展开节点后会触发的事件
BeforeSelect	选择一个节点时会触发的事件
AfterSelect	选择一个节点后会触发的事件

把树视图添加到窗体中之后，就可以利用设计器向其中添加节点了，树视图节点使用类 TreeNode 表示。单击树视图"属性"窗体中的 Nodes 属性旁边的"..."按钮，打开"TreeNode 编辑器"对话框，如图 4-10 所示。

在该对话框中，单击"添加根"按钮添加一个根节点；选中一个节点，然后单击"添加子级"按钮在该节点下添加一个子节点。表 4-3 中列出了树视图节点的常用属性和方法。

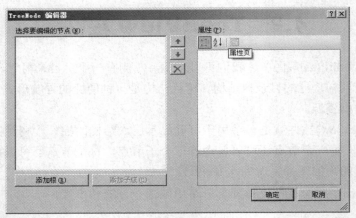

图 4-10

表 4-3

属　　性	说　　明
FirstNode	获取树节点集合中的第一个子树节点
FullPath	设置从根树节点到当前树节点的路径
LastNode	获取最后一个子树节点
NextNode	获取下一个同级树节点
Nodes	获取分配给当前树节点的 TreeNode 对象的集合
Parent	获取当前树节点的父树节点
Text	获取或设置在树节点标签中显示的文本
方　　法	说　　明
Collapse()	收起节点的方法
Expand()或 ExpandAll()	展开或展开所有节点的方法
GetNodeCount()	得到节点的子节点的数目

编码标准：在树视图名前面加 tvw 前缀。

通常我们通过编程也可以向树视图添加节点，下列代码将为树视图当前选定的节点 (selectNode)添加一个 node 节点。

```
TreeNode node = new TreeNode();
node.Text = "新节点";
selectNode.Nodes.Add(node);
```

构造函数也可以用不同的重载方法做如下添加。

```
TreeNode node = new TreeNode("新节点");
selectNode.Nodes.Add(node);
```

以下代码创建了一个有子节点的树视图。

```
//所有的节点文本
string[] strType = { "食品", "零食", "饮料" };
string[] strType1 = { "麦辣鸡腿汉堡", "麦香鱼汉堡", "巨无霸", "吉士汉堡" };
string[] strType2 = { "薯条","甜香玉米杯","麦乐鸡块","脆薯饼","麦辣鸡翅"};
string[] strType3 = { "红茶", "咖啡", "可乐" };

//第一个根节点
TreeNode node = new TreeNode(strType[0]);
tvwShow.Nodes.Add(node);
//添加该根节点上的子节点
foreach (string obj in strType1)
{
    TreeNode subnode = new TreeNode(obj);
    node.Nodes.Add(subnode);
}
//第二个根节点
node = new TreeNode(strType[1]);
tvwShow.Nodes.Add(node);
foreach (string obj in strType2)
{
    TreeNode subnode = new TreeNode(obj);
    node.Nodes.Add(subnode);
}
//第三个根节点
node = new TreeNode(strType[2]);
tvwShow.Nodes.Add(node);
foreach (string obj in strType3)
{
    TreeNode subnode = new TreeNode(obj);
    node.Nodes.Add(subnode);
}
```

运行效果如图 4-11 所示。

图 4-11

我们发现，这种手法稍显笨拙了一点，事实上，在日常工作中更常用的手法是利用二维数组来完成。当然，这些都是数据层面上的，与 TreeView 控件的使用关系不大。

4.3 Splitter 控件和 splitContainer 控件

分隔条(Splitter)控件主要用于在运行时调整停靠控件的大小，通过它可以实现分隔窗体的功能。要使用分隔条控件，首先把一个控件停靠在容器控件的某一边上，然后把分隔条控件停靠在相同的边上。在运行时，把鼠标指针移动到分隔条控件上，会变为调整大小的形状，此时拖动分隔条就可以调整控件的大小。就像在 Windows 资源管理器中，可以把左侧的目录树横向拉宽或拉窄一样。图标 ╬ Splitter 为工具箱中的分隔条控件。

> **注意**
> 使用分隔条控件时，控件的添加顺序非常重要，分隔条只能改变在它之前添加的一个控件。而且，分隔条和将被改变大小的控件必须停靠在容器控件的同一边。
> 如果不慎添加顺序弄错了，可以通过文档大纲视图调整。

我们可以使用分隔条控件的 BorderStyle 属性设置它的边框风格，也可以通过 SplitPosotion 属性在代码中改变分隔条的位置是左右结构(默认)还是上下结构。通常不需要对分隔条的事件进行处理。

分隔容器(splitContainer)控件是分隔条控件的易用版本，控件工具箱中显示为" ▦ SplitContainer "图标。其拥有两个预定义的面板(Panel)，可以直接向面板中添加控件，就像 GroupBox 和 TabControl 一样，如图 4-12 所示。

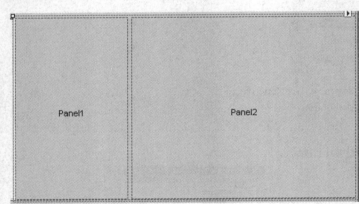

图 4-12

4.4 Splitter、TreeView 控件综合示例

对于我们正在编写的 MDI 记事本程序而言，SplitContainer 控件并不是非常适用。因为它的停靠将会占据 MDI 子窗体生存的空间，所以我们下面将 Splitter 控件和 TreeView 控件一起使用进行一个综合示例，继续完善 MDI 记事本，将其改造为一个日记本，并为其添加代表日期的侧边栏。

首先准备代表"年""月""日"的图片，用来作为树状结构的显示图标。然后将其加入到一个名为 imlIcons 的 ImageList 控件中保存起来。然后向界面拖曳一个 TreeView 控件和一个 Splitter 控件，注意拖放的先后顺序：首先拖放 TreeView，并设置 Dock 属性为 Left，然后再拖放 Splitter 控件。

之后，我们利用设计器，向树状节点中接入记录日记的节，如图 4-13 所示。为 TreeView 指定 ImageList 控件，这时，每个树节点都有了图标，但是所有的节点图标都是一样的。我们在设计器中，为每一个 TreeNode 单独设定一下 ImageIndex 属性，以获得不同层次使用不同图标的效果，如图 4-14 所示。注意，在设计视图中逐个添加树节点 TreeNode 的时候，不仅仅要设置 Text 用于显示，还要设置 Name 属性，该属性可以用来在树节点中查找指定名称的节点，而且这个 Name 是允许重复的，即你可以用 Find()方法找到树节点中多个同名的 TreeNode 节点，这一点将在下面的代码中具体体现出来。我们将年份节点的 Name 设置为同名年份，如 Text 为"2011"的根节点，其 Name 也是"2011"，而对于月份、日期节点，均使用 yyyyMMdd 格式，形如"201101"(2011 年 1 月)和"20110101"(2011 年 1 月 1 日)。

在设计视图中，如果认为 TreeView 的宽度不够，或者过大时，尝试着拖曳一下 TreeView 右侧的 Splitter 控件，这样可以调整 TreeView 的宽度。这样我们就完成了侧边栏的制作，接下来需要做如下操作。

- 单击"新建"菜单或工具栏图标时，自动加入今天的日期(如果已经存在，则打开)。
- 双击一个"日期"节点时，打开指定的文件(如果不存在，则新建后打开)。

图 4-13

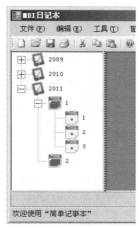

图 4-14

对于"指定的文件"这种概念，我们可以理解为放在指定文件夹下的一组特定命名方式的文件。例如，我们可以默认把日记文件(纯文本)全都放在应用程序所在文件夹下，文件名为当天日期的 yyyyMMdd 格式。按照以上要求，我们改写"新建"菜单的事件响应函数，代码如下。

```
private void mnuNew_Click(object sender, EventArgs e)
{
```

```csharp
//首先判断今天的日期有没有存在的树状节点
//如果有，则直接打开今天的日记
//如果没有，则新建之后打开
DateTime now = DateTime.Now;

//在 TreeView 中查找名为日期(yyyyMMdd 格式)的节点，可能存在重名，所以是数组形式。允许
  搜索子节点，所以有一个 true 开关
 TreeNode[] currentDayNode = tvwDays.Nodes.Find(now.ToString("yyyyMMdd"), true);

//数组长度为 1 代表找到今天日期的日记节点了，否则说明还没有今天日期的日记
if (currentDayNode.Length != 1)
{
    #region 添加节点
    //为"今天"新建节点前，判断年份节点是否存在，不存在则新建
    //因为年份永远是根节点，所以不需要搜索子节点，开关为 false 可以提高搜索性能
    TreeNode[] nodeYear = tvwDays.Nodes.Find(now.Year.ToString(), false);
    if (nodeYear.Length == 0)
    {
        TreeNode tn0 = new TreeNode();
        tn0.Name = tn0.Text = now.Year.ToString();
        tn0.ImageIndex = tn0.SelectedImageIndex = 0;
        //既然年份不存在，那么月份肯定也不存在了，一并新建
        TreeNode tn1 = new TreeNode();
        tn1.Name = now.ToString("yyyyMM");
        tn1.Text = now.Month.ToString();
        tn1.ImageIndex = tn1.SelectedImageIndex = 1;

        //添加日期节点
        TreeNode tn2 = new TreeNode();
        tn2.Name = now.ToString("yyyyMMdd");
        tn2.Text = now.Day.ToString();
        tn2.ImageIndex = tn2.SelectedImageIndex = 2;

        tn1.Nodes.Add(tn2);
        tn0.Nodes.Add(tn1);
        tvwDays.Nodes.Add(tn0);
    }
    else
    {
        //如果年份已经存在，判断一下月份是否存在
        TreeNode[] nodeMonth = tvwDays.Nodes.Find(now.ToString("yyyyMM"), true);
        //如果月份不存在(而年份存在)，则新建月份和日期节点
        if (nodeMonth.Length == 0)
        {
            TreeNode tn1 = new TreeNode();
            tn1.Name = now.ToString("yyyyMM");
            tn1.Text = now.Month.ToString();
```

```csharp
                    tn1.ImageIndex = tn1.SelectedImageIndex = 1;

                    //添加日期节点
                    TreeNode tn2 = new TreeNode();
                    tn2.Name = now.ToString("yyyyMMdd");
                    tn2.Text = now.Day.ToString();
                    tn2.ImageIndex = tn2.SelectedImageIndex = 2;

                    tn1.Nodes.Add(tn2);
                    nodeYear[0].Nodes.Add(tn1);
                }
                //如果月份也存在了，只需要新建日期节点即可
                else
                {
                    //添加日期节点
                    TreeNode tn2 = new TreeNode();
                    tn2.Name = tn2.Text = now.ToString("yyyyMMdd");
                    tn2.ImageIndex = tn2.SelectedImageIndex = 2;
                    nodeMonth[0].Nodes.Add(tn2);
                }
            }
            #endregion

            #region 添加一个空的磁盘文件
            StreamWriter sw = File.CreateText(now.ToString("yyyyMMdd") + ".txt");
            sw.Close();
            #endregion
    }
    //新建一个按钮
    Button btn = new Button();

    //根据界面设计需要，设置一些属性(与使用属性面板等效，但是这个按钮在设计的时候并不会出
        现在设计器中，故而只能使用代码)
    btn.Height = 25;
    btn.Width = 100;
    btn.Margin = btn.Padding = new System.Windows.Forms.Padding(0);
    btn.Text = now.ToString("yyyy-MM-dd");
    btn.Font = new System.Drawing.Font("宋体", 9);

    FrmDocument newDoc = new FrmDocument();

    //读取磁盘文件放入窗体中
    newDoc.tbText.Text = File.ReadAllText(now.ToString("yyyyMMdd") + ".txt");

    //此处极为重要
    btn.Tag = newDoc;
    newDoc.Tag = btn;
```

```
    newDoc.MdiParent = this;
    newDoc.Show();

    //将刚才新建的按钮放到布局面板中
    fPnWindows.Controls.Add(btn);

    //为按钮添加"事件响应函数"
    btn.Click += new EventHandler(btn_Click);
}
```

以上代码实现了新建日记的功能,接下来双击树节点,打开节点对应的日记功能,我们在 TreeView 控件上使用 NodeMouseDoubleClick 事件来响应双击动作。由于日期节点永远是第三层次节点(即 Level 为 2),所以我们仅仅只对日期节点进行操作。

```
private void tvwDays_NodeMouseDoubleClick(object sender, TreeNodeMouseClickEventArgs e)
{
    if (e.Node.Level != 2)
    {
        return;
    }

    //新建一个按钮
    Button btn = new Button();

    //根据界面设计需要,设置一些属性(与使用属性面板等效,但是这个按钮在设计的时候并不会出
      现在设计器中,故而只能使用代码)
    btn.Height = 25;
    btn.Width = 100;
    btn.Margin = btn.Padding = new System.Windows.Forms.Padding(0);
    btn.Text = e.Node.Name.Insert(4, "-").Insert(6, "-");
    btn.Font = new System.Drawing.Font("宋体", 9);

    FrmDocument newDoc = new FrmDocument();

    //读取磁盘文件放入窗体中
    newDoc.tbText.Text = File.ReadAllText(e.Node.Name + ".txt");

    //此处极为重要
    btn.Tag = newDoc;
    newDoc.Tag = btn;
    newDoc.MdiParent = this;
    newDoc.Show();
    //将刚才新建的按钮放到布局面板中
    fPnWindows.Controls.Add(btn);
```

```csharp
//为按钮添加"事件响应函数"
btn.Click += new EventHandler(btn_Click);
}
```

以上代码实现了双击日记节点,打开日记的功能。但是如果重复单击,则会出现同一个日记被打开双份乃至多份的问题。我们可以通过遍历现有窗体导航按钮的方式来判断。

```csharp
private void tvwDays_NodeMouseDoubleClick(object sender, TreeNodeMouseClickEventArgs e)
{
    if (e.Node.Level != 2)
    {
        return;
    }

    string showText = e.Node.Name.Insert(4, "-").Insert(7, "-");

    //遍历窗体导航按钮,检查该窗体是否已经被打开过了
    foreach (Button btnNav in fPnWindows.Controls)
    {
        //对于已经打开过的窗体,无须进行再次打开,只需要激活即可
        if (btnNav.Text == showText)
        {
            //触发"单击事件"有专门的方法调用,与直接调用事件响应函数 btn_Click(sender,e)概念上
            //是不同的
            btnNav.PerformClick();
            return;
        }
    }
    //新建一个按钮
    Button btn = new Button();
    //根据界面设计需要,设置一些属性(与使用属性面板等效,但是这个按钮在设计的时候并不会出
    //  现在设计器中,故而只能使用代码)
    btn.Height = 25;
    btn.Width = 100;
    btn.Margin = btn.Padding = new System.Windows.Forms.Padding(0);
    btn.Text = showText;
    btn.Font = new System.Drawing.Font("宋体", 9);

    FrmDocument newDoc = new FrmDocument();

    //读取磁盘文件放入窗体中
    newDoc.tbText.Text = File.ReadAllText(e.Node.Name + ".txt");

    //此处极为重要
    btn.Tag = newDoc;
```

```
    newDoc.Tag = btn;

    newDoc.MdiParent = this;
    newDoc.Show();

    //将刚才新建的按钮放到布局面板中
    fPnWindows.Controls.Add(btn);

    //为按钮添加"事件响应函数"
    btn.Click += new EventHandler(btn_Click);
}
```

最后，处理保存按钮的代码，稍微变化一点儿就可以了。

```
//如果当前激活的子窗体不存在(即一个窗体也没有)，则直接退出函数执行过程，什么也不做
if (this.ActiveMdiChild == null)
{
    return;
}

//不再需要使用保存对话窗了，因为文件的位置对我们而言是已知的和固定不变的
//将其改为由按钮获取
string filename = ((this.ActiveMdiChild as FrmDocument).Tag as Button).Text.Replace("-", "");

StreamWriter sw = File.CreateText(dlgSave.FileName + ".txt");
//意为：当前活动的子窗体中的 tbText(因为每一个子窗体都有一个 tbText，所以需要指定)
sw.Write((this.ActiveMdiChild as FrmDocument).tbText.Text);
sw.Close();
```

至此，我们已经完成了简单记事本到 MDI 日记本的改造过程。虽然这个程序还只是一个雏形，并不完善。但是我们已经可以对 Windows 应用程序的开发有一个直观的认识了。大体上说，我们利用控件设计成一个可视化交互界面。利用各种控件的属性、事件、方法来实现各种功能要求。

但是，上面的程序有一个致命的问题：我们每次打开窗体的时候，左侧的树状导航始终显示的是"死"的，也就是每次打开的都是在设计窗体的时候"画"上去的节点，而不能保存用户输入的节点。这就需要某种方式，将数据保存起来，在程序界面打开时，将数据"动态"地加载到界面上来。

对于数据的保存，磁盘文件是一种思路，如我们保存的日记 txt 文件。然而，树状结构的信息并不适合磁盘文件的存储形式，而且磁盘上的一群 txt 文件也不便于搜索操作和管理。甚至于可能会遇到某些个别文件丢失所造成的困扰。这样，就需要另一种存储数据的形式了，我们将在下一单元学习 Windows 窗体程序如何操作数据库的知识，并继续修改日记本程序。

【单元小结】

- 掌握 MDI 窗体程序的设计
- 熟悉 TreeView、Splitter、SplitContainer 控件的使用

【单元自测】

1. 以下的(　　)属性可以将窗体设置成多文档容器窗体。
   A. IsMdiParent　　　　　　　　B. MdiParent
   C. IsMidContainer　　　　　　　D. MidContainer
2. 以下的(　　)属性可以将窗体设置成多文档子窗体。
   A. IsMdiParent　　　　　　　　B. MdiParent
   C. MidContainer　　　　　　　 D. 以上都不对
3. 树视图 TreeView 类包含在以下(　　)命名空间中。
   A. System.Windows.Drawing
   B. System.Windows.Forms.Controls
   C. System.Windows.Forms
   D. 以上都不对
4. 除了 Splitter，以下还能充当分隔条的组件是(　　)。
   A. FlowLayoutPanel　　　　　　B. Panel
   C. SplitContainer　　　　　　　D. TableControl
5. 展开树视图控件时会触发的事件是(　　)。
   A. AfterCollapse　　　　　　　 B. AfterExpand
   C. BeforeCollapse　　　　　　　D. BeforeExpand

【上机实战】

上机目标

- 了解列表视图的使用
- 掌握树视图的使用
- 掌握分隔条的使用

上机练习

◆ 第一阶段 ◆

练习1：制作一个资源管理器

【问题描述】

Windows 操作系统的"资源管理器"是一个用于浏览当前磁盘文件信息的应用程序，制作一个小型资源管理器并含有搜索窗体。

【问题分析】
- 需要创建一个窗体作为主窗体。
- 窗体上的树视图控件用于显示磁盘上的文件夹信息。

【参考步骤】

(1) 打开 Visual Studio .NET 2008 集成开发环境，新建一个项目 DriverManager，可以得到一个新的窗体。

(2) 表 4-4 中列出了该窗体上的控件的属性设置。

表 4-4

控　　件	属　　性
Form	Name：FrmMain Text：资源管理器 MaximizeBox:False

(3) 为窗体添加控件，表 4-5 列出了所添加的控件的属性。

表 4-5

控　　件	属　　性
TreeView	Name：tvwTree Dock：Left
Splitter	Name：spl
ListView	Name：lvwList Dock：Fill

(4) 创建好的窗体界面如图 4-15 所示。

图 4-15

(5) 窗体中的树节点用于表示文件夹在磁盘中的位置，编写一个用于得到某节点所表示的磁盘路径的函数，代码如下。

```csharp
//得到树节点的路径
private string GetNodePath(TreeNode node)
{
    //使用递归调用的方法
    if (node.Parent == null)
    {
        return node.Text;
    }
    return GetNodePath(node.Parent) + "\\" + node.Text;
}
```

(6) 要为窗体中的节点添加子节点，可能在很多时候都会使用到。编写一个为节点添加子节点的函数，代码如下。

```csharp
//为节点对象添加下一级节点
private void AddSubNode(TreeNode node)
{
    try
    {
        //得到节点所在的路径
        string strPath = "";
        strPath = GetNodePath(node);
        //得到该路径的信息
        System.IO.DirectoryInfo objDirectory = new System.IO.DirectoryInfo(strPath);
        System.IO.DirectoryInfo[] objDir = objDirectory.GetDirectories();
        //为节点对象添加下一级节点
        for (int i = 0; i < objDir.Length; i++)
```

```
        {
            TreeNode subnode = new TreeNode(objDir[i].ToString());
            node.Nodes.Add(subnode);
        }
    }
    catch
    { }
}
```

(7) 为窗体的 Load 事件编写代码。

```
//窗体初始化
private void FrmMain_Load(object sender, EventArgs e)
{
    //得到当前机器的驱动器名称数组
    string[] str = System.Environment.GetLogicalDrives();
    //创建驱动器名称节点并添加到树视图中
    for (int i = 0; i < str.Length; i++)
    {
        TreeNode node = new TreeNode(str[i].ToString());
        this.tvwTree.Nodes.Add(node);
        //为该节点添加下一级节点
        AddSubNode(node);
    }
    //窗体初始化的时候设置列表视图的显示方式
    this.lvwList.Columns.Add("文件", 150, HorizontalAlignment.Left);
    this.lvwList.Columns.Add("大小", 80, HorizontalAlignment.Right);
    this.lvwList.Columns.Add("时间", 120, HorizontalAlignment.Right);
    this.lvwList.View = View.Details;
}
```

(8) 此时，应用程序运行效果如图 4-16 所示。

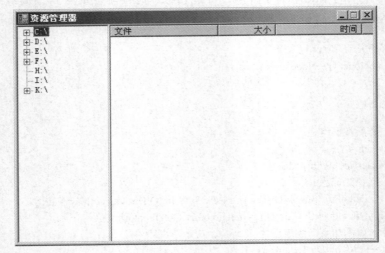

图 4-16

练习2：为树视图的节点添加子节点

【问题描述】

完成前面的代码后，运行应用程序会发现，展开树节点的根节点后，它的下一级子节点就无法再展开了。如果在窗体初始化时就为树视图添加上所有的节点必然会占用大量的系统资源。所以，需要在每一次展开节点时为该节点添加上它下面所有节点的子节点。收起节点时，它下面所有节点的子节点也要随之删除。

【问题分析】

- 要求在节点展开之前它下面所有节点的子节点就添加上来。
- 为树视图添加对应的事件。
- 编写收起节点后的事件。

【参考步骤】

(1) 选择树视图，并为其添加 BeforeExpand 事件代码。

```csharp
//展开某一节点时加载该节点下的子节点的下一级子节点
private void tvwTree_BeforeExpand(object sender, TreeViewCancelEventArgs e)
{
    //得到当前所选择的节点
    TreeNode node = (TreeNode)e.Node;
    for (int i = 0; i < node.Nodes.Count; i++)
    {
        AddSubNode(node.Nodes[i]);
    }
}
```

(2) 再为其添加 AfterCollapse 事件。

```csharp
//折叠某一节点时删除该节点下的子节点的下一级子节点
private void tvwTree_AfterCollapse(object sender, TreeViewEventArgs e)
{
    //得到当前所选节点
    TreeNode node = (TreeNode)e.Node;
    for (int i = 0; i < node.Nodes.Count; i++)
    {
        //清除节点下的子节点的下一级子节点
        node.Nodes[i].Nodes.Clear();
    }
}
```

(3) 运行应用程序，效果如图 4-17 所示。

使用WinForm开发桌面应用程序

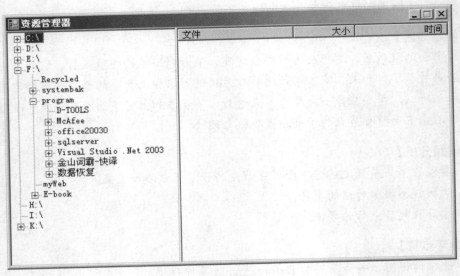

图 4-17

练习 3：将文件夹中的文件信息读取到列表视图中

【问题描述】

树视图中的显示已经完成，当在树视图中选择某一节点时，要把该节点所表示的路径下的文件读出来，并在列表框中显示出来。

【问题分析】

- 单击节点时，得到该节点所表示的路径。
- 为树视图编写选择节点的事件。

【参考步骤】

(1) 选择树视图，并为其添加 AfterSelect 事件代码。

```
//选择树视图节点时的事件响应
private void tvwTree_AfterSelect(object sender, TreeViewEventArgs e)
{
    try
    {
        //得到所选择的节点
        TreeNode node = (TreeNode)e.Node;
        //得到该节点所在的路径
        string strPath = GetNodePath(node);
        //得到该节点路径下的所有文件
        System.IO.DirectoryInfo objDirectoryInfo = new System.IO.DirectoryInfo(strPath);
        System.IO.FileInfo[] objFileInfo = objDirectoryInfo.GetFiles();
        //清空列表框中原来的内容
```

```
            lvwList.Items.Clear();
            //将每一个文件的信息读取并在界面层显示出来
            foreach (FileInfo file in objFileInfo)
            {
                ListViewItem item = new ListViewItem();
                //得到文件名
                item.SubItems[0].Text = file.Name;
                //得到文件大小
                item.SubItems.Add(file.Length.ToString() + "字节");
                //得到文件修改时间
                item.SubItems.Add(file.LastAccessTime.ToLocalTime().ToString());
                //添加到列表框
                lvwList.Items.Add(item);
            }
        }
        catch
        { }
}
```

(2) 运行应用程序，效果如图 4-18 所示。

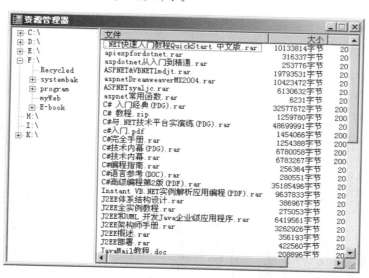

图 4-18

◆ 第二阶段 ◆

练习 4：为树视图和列表视图添加上图标

【问题描述】

前面所创建的窗体界面比较单调，利用前一单元所学习的 ImageList，在树视图和列表视图上显示对应的图标，添加图标后的效果如图 4-19 所示。

使用WinForm开发桌面应用程序

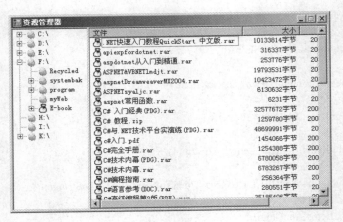

图 4-19

【问题分析】
- 要存放图标，需在当前窗体上添加一个 ImageList 控件。
- 在树节点添加的时候设置对应的图标。
- 选择了树节点后，把对应的图标添加到列表项中。

【拓展作业】

制作一个类似 ACDSee 的看图程序，要求使用 MDI 窗体布局进行编写。在第一和第二阶段上机练习部分的基础上修改。如果在树状结构中单击的是图片，就打开一个新的 MDI 子窗体对图片进行预览，界面样式参考如图 4-20 所示。

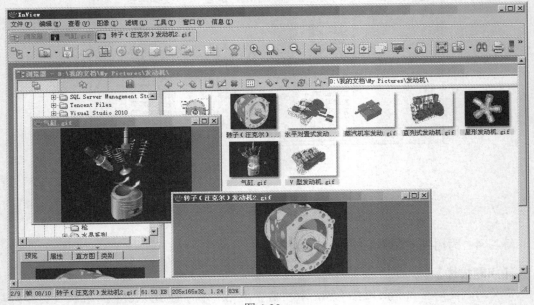

图 4-20

单元五 应用 ADO.NET 操作数据

 课程目标

- ▶ 了解 ADO.NET
- ▶ 了解 .NET Framework 数据提供程序
- ▶ 掌握数据库连接和相应命令的使用
- ▶ 掌握数据库事务操作

使用WinForm开发桌面应用程序

简 介

在上一单元中,我们发现编写程序的时候需要处理的一个棘手问题就是用户产生的数据(简称用户数据)并不会自动加载到程序界面中,甚至也没有一个合适的地方去存放,于是就需要利用之前学过的数据库知识来处理了。数据库不就是一个存放数据最好的地方吗?利用 C#操作数据库,需要用到 ADO.NET。ADO.NET 是与 C#和.NET Framework 一起使用的一组类库的名称,它被设计用于以关系型的、面向表的格式访问数据。这些关系型关系数据库,如 MS Access、SQL Server、Oracle 以及其他数据库都可以被 ADO.NET 用几乎完全相同的方式来调用。ADO.NET 集成到.NET Framework 中,可用于任何.NET 语言,尤其是 C#。

5.1 ADO.NET

5.1.1 ADO.NET 概述

ADO.NET 的前身是 ADO(ActiveX Data Objects),它是微软开发的一个 COM 组件库。ADO 主要包括 Connection、Command、Recordset 和 Field 对象。使用 ADO 时,要打开与数据库的连接,把一些数据选出来,放在记录集中,这些数据由字段组成,接着处理这些数据,并在服务器上进行更新,最后关闭连接。

ADO.NET 的作用与 ADO 相同,提供易于使用的类集,以访问数据,ADO.NET 的功能得到更新和增强,可以用于.NET 编程环境。虽然作用与 ADO 相同,但是 ADO.NET 中的类、属性和方法与 ADO 有很大不同,下面简单介绍一下。

5.1.2 简单地访问关系数据

ADO.NET 的主要目标是提供对关系数据的简单访问功能。显然,易于使用的类表示关系数据库中的表、列和行。另外,ADO.NET 引入了 DataSet 类,它代表来自封装在一个单元中的关联表中的一组数据,并维持它们之间完整的关系。这在 ADO.NET 中是一个新概念,可以显著地扩展数据访问接口的功能。直观一点说,DataSet 可以看作是一种数据类型,但是与普通的 int、string 等类型不同的是,它是一个由数据表、关系、主外键结构组成的"数据库",由于它是一个"类型",所以它的实例就是一个变量,故而它是位于内存中的,而不需要像 SQL 或者 Access 那样需要安装使用。关于 DataSet,我们将在本单元中具体分析,它是 ADO.NET 中新增的重要特性,也是 ADO.NET 的特色之一。

5.1.3 可扩展性,支持更多的数据源

ADO.NET可扩展性——为插件.NET数据提供者提供了框架,这些提供者可用于从任何

数据源读写数据。ADO.NET提供集中内置的.NET数据提供者，分别用于SQL Server数据库、用于Oracle数据库、通用数据库接口ODBC(Microsoft开放数据库连接API)、OLE DB(Microsoft基于COM的数据链接和嵌入数据库API)。几乎所有的数据库和数据文件格式都有可用的ODBC或OLE DB提供者，包括MS Access、第三方数据库和非关系数据。因此，通过一个内置的数据提供者，ADO.NET可以使用几乎所有的关系型数据库和数据格式。许多数据库销售商，如MySQL和Oracle还在其产品中提供了内置的.NET数据提供程序(provider)，通常使用数据库厂商(如Oracle)提供的provider，在性能上和安全性上会比微软的更优秀一些，但是用法和功能其实都是完全一样的。

5.1.4 支持多层应用程序

ADO.NET用于分层的应用程序，是当今商业和电子商务应用程序最常见的体系结构。在本书的后续章节中，我们会具体讲解分层的含义。在多层体系结构中，应用逻辑的不同部分运行在不同的层上，只与其上或其下的层通信。

最常见的一个模型是三层模型，有如下三层。
- 数据层：包括数据库和数据访问代码。
- 业务层：包含业务逻辑，定义应用程序的独特功能，并把该功能与其他层分离开来，这个层有时也称为中间层。
- 显示层：提供用户界面，控制应用程序的流程，对用户输入进行验证，等等。

5.1.5 ADO.NET 以 XML 为基础构建，扩展性强

ADO.NET另一个重要的功能是沟通行、列和XML文档中的关系数据，其中XML文档具有分层的数据结构。.NET技术是以XML为基础构建的，ADO.NET可以扩展.NET的用法。

5.2 .NET Framework 命名空间

5.2.1 .NET Framework 中的数据和 XML 命名空间

- System.Data——由构成 ADO.NET 结构的类组成，该结构是托管应用程序的主要数据访问方法。ADO.NET 结构使用户生成可用于有效地管理来自多个数据源的数据的组件。ADO.NET还提供了对分布式应用程序中的数据进行请求、更新和协调的工具。
- System.Data.Common——包含由.NET Framework 数据提供程序共享的类。数据提供程序描述一个类的集合，这些类用于在托管空间中访问数据源，如数据库。

- System.Xml——根据标准来支持 XML 处理的类。
- System.Data.OleDb——构成兼容数据源 OLE DB .NET Framework 数据提供程序的类。这些类使用户能连接到 OLE DB 数据源、针对数据源执行命令并读取结果。
- System.Data.SqlClient——构成 SQL Server .NET Framework 数据提供程序的类,该提供程序允许用户连接到 SQL Server 7.0 执行命令并读取结果。System.Data.SqlClient 命名空间与 System.Data.OleDb 命名空间类似,但为访问 SQL Server 7.0 和更高版本进行了优化。
- System.Data.Sql——支持特定于 SQL Server 的功能的类。
- System.Data.SqlTypes——提供一些类,它们在 SQL Server 内部用于本机数据类型。这些类为其他数据类型提供了更安全、更快速的替代方式。
- Microsoft.SqlServer.Server——专用于 Microsoft .NET Framework 公共语言运行库(CLR)与 Microsoft SQL Server 和 SQL Server 数据库引擎进程执行环境集成的类、接口和枚举。
- System.Data.Odbc——构成 ODBC .NET Framework 数据提供程序的类。使用这些类可以在托管空间中访问 ODBC 数据源。
- System.Data.OracleClient——构成 Oracle.NET Framework 数据提供程序的类。使用这些类可以在托管空间中访问 Oracle 数据源。
- System.Transactions——允许用户编写自己的事务性应用程序和资源管理器的类。具体来说,用户可以创建事务并和一个或多个参与者参与事务(本地或分布式)。

5.2.2 ADO.NET 的结构

ADO.NET 结构由 .NET Framework 数据提供程序和 DataSet 两部分组成。组成.NET Framework 数据提供程序的 4 个主要对象为 Connection、Command、DataReader 和 DataAdapter,如图 5-1 所示。

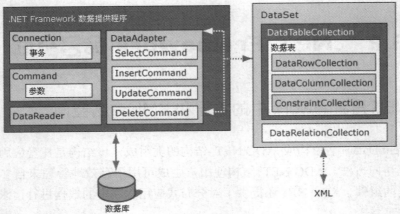

图 5-1

5.3 .NET Framework 数据提供程序

.NET Framework 数据提供程序用于连接到数据库、执行命令和检索结果。用户可以直接处理检索到的结果，或将其放入 ADO.NET 的 DataSet 对象，以便与来自多个源的数据或在层之间进行远程处理的数据组合在一起，以特殊方式向用户公开。.NET Framework 数据提供程序是轻量的，它在数据源和代码之间创建了一个最小层，以便在不以功能为代价的前提下提高性能。

打开 Visual Studio 2008，在视图菜单中单击"服务器资源管理器"将会看到如图 5-2 所示的面板窗体。在"数据连接"节点上右击，选择"添加连接"将会见到如图 5-3 所示的窗体。

图 5-2

图 5-3

在图 5-3 的"选择数据源"窗体中，我们见到了各种数据库的"数据提供程序"下拉菜单。这些就是.NET Framework 内置的各种不同数据库的数据提供程序。当然，如果用户的服务器上安装有其他第三方的数据提供程序，也会在这里被列出来。下面我们逐一介绍一下.NET Framework 中包含的.NET Framework 数据提供程序。

5.3.1 SQL Server .NET Framework 数据提供程序

如果使用的是 SQL Server 数据库，包括桌面引擎，使用 SQL Server 专用的内置.NET 数据提供者就可以获得最好的性能和对基础功能的最直接访问。按如下方式使用using 指定可以使用 SQL Server 专用的.NET 数据提供者。

using System.Data.SqlClient;

5.3.2 Oracle .NET Framework 数据提供程序

如果使用的是 Oracle 数据库，使用.NET Framework 内置 Oracle .NET 驱动就可以，可以用下面的 using 指令来引用。

```
using System.Data.OracleClient;
```

Oracle 本身也提供了一个 .NET 数据提供者,引用为 Oracle.Data Access.Client。它必须从 Oracle 中单独下载。使用数据库销售商还是 .NET Framework 提供的 .NET 数据提供者,完全取决于程序员自己。一般来说,销售商提供的数据提供者能更多地利用数据库产品的特定功能和性能,但对于基本操作或初级使用者来说,两者基本上没什么大的差别。

5.3.3 OLE DB .NET Framework 数据提供程序

.NET 连接的数据库类型不是 SQL Server 或 Oracle(如 Access),可以使用 OLE DB .NET 数据提供者,按如下方式使用 using 指令引用它。

```
using System.Data.OleDb;
```

这个提供者会为特定的数据库使用 OLE DB 提供 DLL。许多常见数据库的 OLE DB 提供者会随 Windows 一起安装,如 MS Access,后面将使用它。

5.3.4 ODBC .NET Framework 数据提供程序

如果数据源没有内置的 OLE DB 提供者,则可以使用 ODBC.NET 数据提供者,因为大多数据库都提供了 ODBC 接口。ODBC 提供者可以通过下面的 using 指令来引用。

```
using System.Data.Odbc;
```

如果数据库有专用的内置 .NET 数据提供者,就可以使用它。许多其他数据库销售商和第三方公司也提供了内置 .NET 数据提供者,选择内置提供者还是使用通用的 ODBC 提供者取决于程序运行的环境。如果可移植性的要求高于性能,就应该使用通用的 ODBC 提供者。反之,则使用内置 .NET 数据提供者。

5.3.5 SQL Server .NET Framework 数据提供程序和
OLE DB .NET Framework 数据提供程序的比较

在图 5-3 所示的界面中,选择 Microsoft SQL Server 后,下拉列表框中会出现两个不同的提供程序,如图 5-4 所示。这两者都可以用来连接 SQL Server 数据库。那么这两者之间有何异同呢?我们平常该选择哪一个好呢?

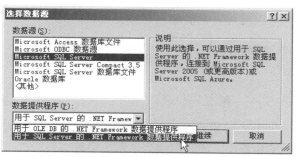

图 5-4

SQL Server .NET Framework 数据提供程序使用它自身的协议与 SQL Server 通信。由于它经过了优化，可以直接访问 SQL Server 而不用添加 OLE DB 或开放式数据库连接(ODBC)层，因此它是轻量的，并具有良好的性能。图 5-5 将 SQL Server .NET Framework 数据提供程序和 OLE DB .NET Framework 数据提供程序进行了对比。OLE DB .NET Framework 数据提供程序通过 OLE DB 服务组件(提供连接池和事务服务)和数据源的 OLE DB 提供程序与 OLE DB 数据源进行通信。所以我们一般使用的时候，建议选择 SQL Server .NET Framework 数据提供程序。而 OLE DB 的 SQL 提供程序则拥有较好的兼容性，在处理一些老旧系统升级时，有可能会比较合适。

图 5-5

5.4 .NET Framework 数据提供程序的核心对象

在 ADO.NET 中，有 5 个极为常用的对象类型，通常称为 adp.net 五大对象。而且除了我们在前面提到过的 DataSet 之外，其他每一个.NET 数据提供者中定义的对象，其名称前都带有特定提供者的名称。例如，用于 OLE DB 提供者的连接对象就是 OleDbConnection；用于 SQL Server 时，.NET 提供者的类就是 SqlConnection。下面，我们来逐一介绍一下。

5.4.1 Connection 对象

连接对象是我们使用的第一个对象，用于任何其他 ADO.NET 对象之前。它提供了到数据源的基本连接。如果使用的是需要用户名和密码的数据库，或者是位于远程网络服务器上的数据库，则连接对象就可以提供建立连接并登录的细节，代码如下所示。

```
SqlConnection conn = new SqlConnection("...");
conn.Open();
……
conn.Close();
```

上面的代码表示一个连接到 SQL Server 数据库的连接对象。其中第一行，引号的部分是一个代表着连接方式的字符串，通常简称为"连接字符串"，它一般包含有 SQL 服务器的 IP 地址、账号、密码、数据库名称等各种信息。第二行执行效果就是打开数据库连接，而第三行是关闭数据连接。当然，这几行代码本身并不执行任何 SQL 操作，仅仅只是打开，然后关闭而已。要执行 SQL 语句，需要下面的对象来完成。

5.4.2 Command 对象

可以使用 Command 对象给数据源发出命令，如"SELECT * FROM Titles"查询 Titles 表中的数据。对于不同的提供者，该对象的名称是用于 SQL Server 的 SqlCommand，用于 ODBC 的 OdbcCommand 和用于 OLE DB 的 OleDbCommand，代码如下。

```
SqlConnection conn = new SqlConnection("...");
SqlCommand cmd = new SqlCommand("select * from titles", conn);
conn.Open();
cmd.ExecuteNonQuery();
conn.Close();
```

以上代码的含义就是在一个已经打开的数据连接中，执行一条创建数据库的SQL语句。注意，声明命令 cmd 的代码可以放在任何位置，只要在使用之前就行了，而执行 SQL 语句的.ExecuteNonQuery()方法必须位于 Open 和 Close 之间。这一点也很容易理解，一个尚未开启或者已经关闭的连接，显然是无法执行操作的。就像"打开冰箱门"—"放入一个蛋糕"(执行某种操作)—"关闭冰箱门"，这个顺序弄错了就无法进行变通，必须严格保证顺序。

5.4.3 DataReader 对象

这是一个快速而易用的对象，可以从数据源中操作只读只进的数据流。对于简单地读取数据来说，此对象的性能最好。同样，适用于 SQL Server 的 DataReader 称作 SqlDataReader，用于 ODBC 的 OdbcDataReader 和用于 OLE DB 的 OleDbDataReader。这个对象有些特殊，就是其无法像其他对象一样通过 new 关键字创建实例，而只能通过上面的 Command 对象执行 ExecuteReader()方法的返回值来获取，而且在完成 Reader 的所有操作前，当前的数据连接是不允许关闭的。

具体示例我们将在后面展示。

5.4.4 DataAdapter 对象

所谓 Adapter，翻译过来就是适配器。对于"适配器"这个词，我们最熟悉的可能就是各种充电器了，它们都被冠以"电源适配器"之名。那么究竟什么是"适配器"呢？想象一下，电源的充电池做的事情，不就是"适应""匹配"不同规格的电源吗！例如，把 220V 的交流电(市电)"适配"成手机电池能用的 5V 直流电。所以我们可以把适配器理解成为不同"电源"之间交互的桥梁。对于数据也是如此，我们在程序变量中的各种数据和数据库的数据，其实就像直流电和交流电一样，是电流的不同形态，通过一个"适配"的过程将其进行转化的东西，就是"数据适配器(DataAdapter)"了。它可以执行针对"数据源"进行各种增删改查的常规操作，包括更新变动的数据，填充 DataSet 对象(后面将会具体讲解)以及其他操作。该对象的名称是用于 SQL Server 的 SqlDataAdapter、ODBC 的 OdbcDataAdapter 和 OLE DB 的 OleDbDataAdapter。

5.5 ADO.NET 对数据库的访问

5.5.1 连接数据库(Connection)

Connection 对象用于在应用程序和数据库之间建立连接，每个.NET 数据提供程序都有其自己的连接类(前面已经简要讲解)。具体实例化哪个特定的连接类，取决于所使用的.NET 数据提供程序。

表 5-1 列出了.NET 数据提供程序及其对应的连接类。

表 5-1

数据提供程序	连 接 类
SQL 数据提供程序	SqlConnection
OLE DB 数据提供程序	OleDbConnection
Oracle 数据提供程序	OracleConnection
ODBC 数据提供程序	OdbcConnection

表 5-2 列出了 Connection 对象的部分属性和方法。

表 5-2

属　　性	说　　明
ConnectionString	指定连接数据库所需的值的字符串格式描述
Database	与 Connection 对象连接的数据库

(续表)

方法	说明
Open()	打开与数据库的连接,以允许对数据库数据进行事务处理
Close()	关闭与数据库的连接。关闭后,不能对数据库进行事务处理

 注意

在 ADO.NET 的非断开式连接中,数据库不能重复打开,也不能重复关闭。当打开数据库,对数据操作完毕后,注意关闭释放数据库连接。所以我们在开发中,常用的手法应该如下面的代码所示。

```
SqlConnection conn;
try
{
    conn = new SqlConnection("...");
    conn.Open();
}
finally
{
    //如果连接已经打开,则必须被关闭
    if (conn != null && conn.State == ConnectionState.Open)
    {
        conn.Close();
    }
}
```

利用 try...finally 语法,强制要求必须在使用完成后关闭连接。连接对象的 State 属性是一个枚举,代表着连接当前的状态。用 C#来实现对数据库的连接和操作,一个"可用的连接"是操作数据库的钥匙,任何数据库操作都是从使用连接开始的。

现在我们再来谈谈"连接字符串"的概念。在上面的代码示例中,为了让语法能够通过编译,我们使用了一个"..."作为实例化连接对象的构造参数。在实际编码中,这显然是不行的。我们在上面提到过,这个"连接字符串"需要提供数据库的连接方式,如服务器 IP、账号、密码、数据库名等信息。但是,对于不同的数据库而言,这些连接字符串在不同的数据提供者之间的区别非常大。以下是 SQL Server 2000/2005/2008 均可使用的一种较为通用的连接字符串的示例,如果需要使用的数据提供者不同,则需要查询所使用的提供者的连接信息的具体文档。

```
string source = "server=(local);" +
            "integrated security=True;" +
            "database=master";
SqlConnection    sqlCon = new SqlConnection(source);
```

sqlCon 是一个用于 SQL.NET 数据提供者的连接对象的名称(如果使用的是 OLE DB,则可以创建一个 OleDbConnection),连接字符串包含有分号(;)分隔的一些项,如下所示。

server=(local);

这是我们需要访问的 SQL Server 的名称，其格式是"SQL 服务器的计算机名或 IP\\实例名"。计算机名(local)是一个非常方便的 SQL Server 简短名称，它表示运行在当前机器上的服务器实例。也可以用计算机的网络名称或者 IP 地址代替。

对于默认实例，可以省略实例名。

例如，有一台计算机的名称是：HOPE，IP 地址为：192.168.0.1，我们使用默认示例的连接，应该表示为：HOPE 或者 192.168.0.1；如果要访问的不是默认 SQL 实例，而是名为 SQLEXPRESS 的实例，那么就表示为：192.168.0.1\\SQLEXPRESS 或者 HOPE\\SQLEXPRESS

 注意

连接串原本只需要一个反斜线，但是反斜线是 C#的特殊字符(表示转义)，所以使用两个反斜线(\\)，另一个反斜线将第二个反斜线转义为普通字符串。

关于转义字符的概念，可参见 C#语法帮助。

连接字符串的下一个部分规定如何登录到数据库，这里使用 Windows 登录的集成安全，这样就不需要规定用户和密码。

integrated security=True;

这个子句指定 SQL Server 和 Windows 的标准内置安全。这个选项的作用与图 5-6 所示的 SQL 登录界面效果一样，即使用 Windows 集成验证模式，物体提供账号密码。由于我们开发调试时，常常使用本机作为 SQL 服务器使用，所以这是一个非常常用的登录模式。但是，另一方面，我们的程序在部署使用时，往往不能和数据库位于同一台主机，例如，腾讯公司的 QQ 数据库和你的 QQ 程序就不可能在同一台主机上。于是，可以使用提供账号密码的登录验证形式，如图 5-7 所示，提供账号和密码进行登录。

例如，存在一个用户名称为"abc"，密码为"sqlserver"的 SQL Server 身份验证的用户，使用该用户的信息创建连接字符串，则该段字符串应改为：uid=abc;pwd=sqlserver; 用来代替上面的子句。

图 5-6

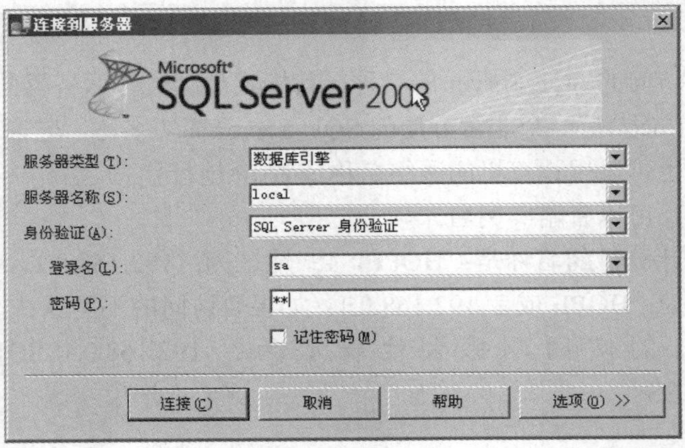

使用WinForm开发桌面应用程序

图 5-7

最后，指定了希望使用的数据库，在此即 master，如下所示。

```
database=master
```

只有当"连接字符串"被正确设置后，就像那句神奇的开门口令"芝麻开门"，念错了肯定是不行的，我们的 Open()方法才能够正常执行成功，将数据库打开。否则将会抛出异常，比如指定的主机无法到达，或者账号授权失败。

除了手写 server=(local);integrated security=True;database=master 这种形式的连接串之外，有时也可以通过另一些渠道"获取"到连接字符串来使用。在图 5-4 所示的界面中，选择需要连接的数据之后，单击"确定"按钮。例如，我们选择了 SQL Server 的.NET Framework 的连接，将会见到如图 5-8 所示的界面。

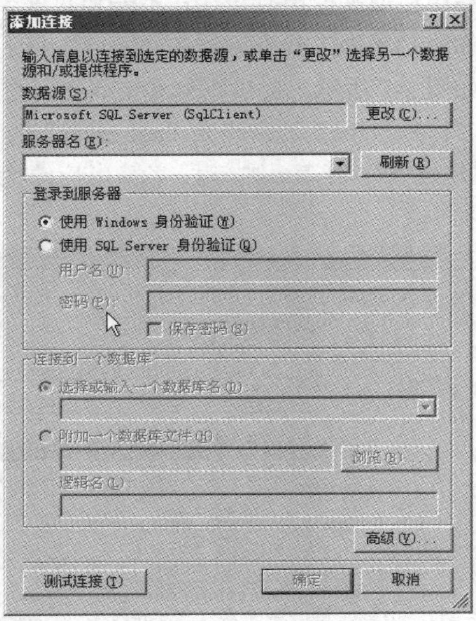

图 5-8

这个界面对于大多数人而言是简单易用的，我们可以利用"测试连接"按钮事先确定数据库是否可以被成功连接。当确认连接是可以正常连上的时候，别忙着单击"确定"按钮，先单击"高级"按钮，将会见到如图 5-9 所示的界面。在箭头指示处，可以看到一个已经被设计器生成好的"连接字符串"，我们只需要复制、粘贴即可取用了。

使用这种方法，不仅能够取得 SQL Server 的连接字符串，同样也能够取得 OLE DB、Oracle 或者 ODBC 的连接串。

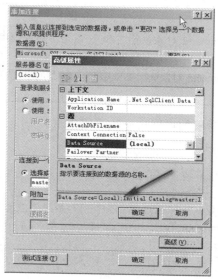

图 5-9

5.5.2 执行 SQL 语句(Command)

我们可以使用 Command 对象允许向数据库传递 SQL 脚本，以便检索和操作数据库中的数据。表 5-3 列出了.NET 数据提供程序及其相应的命令类。

表 5-3

数据提供程序	命 令 类
SQL 数据提供程序	SqlCommand
OLE DB 数据提供程序	OleDbCommand
Oracle 数据提供程序	OracleCommand
ODBC 数据提供程序	OdbcCommand

与数据库建立连接之后，可以使用 Command 对象执行命令并从数据源返回结果，例如对数据库执行 T-SQL 命令或存储过程。为了与数据库连接并执行命令，需要一个 Connection 对象的实例。

表 5-4 列出了 Command 对象的部分属性和方法。

表 5-4

属　　性	说　　明
CommandText	表示 Command 对象将执行的 SQL 语句或存储过程
CommandType	表示 Command 对象的命令类型，包括 StoredProcedure、Text 和 TableDirect。其中，StoredProcedure 表示执行 T-SQL 存储过程，Text 表示执行 T-SQL 语句
Connection	表示 Command 对象使用的活动连接
方　　法	说　　明
ExecuteNonQuery()	用于 Command 对象执行 T-SQL 语句，对数据库的单项操作，如 UPDATE、INSERT、DELETE。返回影响的行数
ExecuteReader()	用于 Command 对象执行 T-SQL 语句，对数据库的查询操作，返回一个 DataReader 对象

以下代码为 Command 对象的设置与一般运用手法。

执行 T-SQL 语句如下所示。

```
SqlConnection sqlCon = new SqlConnection(source);
SqlCommand sqlCmd = new SqlCommand();
sqlCmd.CommandText = "T-SQL 语句";//T-SQL 语句为任何有效的 T-SQL 语句
sqlCmd.CommandType = CommandType.Text;
sqlCmd.Connection = sqlCon;
try
{
    sqlCon.Open();
    sqlCmd.ExecuteNonquery();
}
finally
{
    if (sqlCon.State == ConnectionState.Open)
    {
        sqlCon.Close();
    }
}
```

其中，对 CommandType 属性的赋值语句由于默认值就是 CommandType.Text 枚举，所以可以省略不写。而 Connection 属性和 CommandText 属性可以使用构造函数的另一个重载来设置，因此，常见的写法看起来会类似于如下所示的代码。

```
SqlConnection sqlCon = new SqlConnection(source);
SqlCommand sqlCmd = new SqlCommand("T-SQL 语句", sqlCon);
try
{
    sqlCon.Open();
    sqlCmd.ExecuteNonquery();
}
finally
```

```
{
    if (sqlCon.State == ConnectionState.Open)
{
sqlCon.Close();
}
}
```

这两段代码是完全等效的，而下面一种看起来则显得简练多了。

以下就用数据库技术改造我们的 MDI 日记本。

根据之前设计的程序界面，我们画出"日记"的实体关系图，并设计出数据库表，在本书中，我们不去深究数据库的分析和设计过程，以下是设计好的数据库。

```sql
Create Database [Diary]
go
USE [Diary]
GO

CREATE TABLE [dbo].[Diary](
    [ID] [int] IDENTITY(1,1) PRIMARY KEY    NOT NULL,
    [Year] [int] NOT NULL,
    [Month] [int] NOT NULL,
    [Day] [int] NOT NULL,
    [DiaryText] [nvarchar](max) NOT NULL,
)
GO
```

在其中，我们没有使用 DateTime 型来存放日期，而是分别使用了年、月、日三个字段，可以让后面用到的查询条件更简单，例如，搜索本月的所有日记，如果用 DateTime 型，查询条件将会变得十分冗长。

有了数据库来存放数据，程序界面需要做哪些修改呢？简单分析如下。

- 当打开程序时，查询已有的日期，将年份作为根节点，月份作为一级子节点，日期作为二级子节点展现为导航的树状结构。
- 当双击一个日期节点时，从数据库查询得到该日期的日记文本，显示在右侧的 MDI 窗体中。
- 当新建日记时，我们查询一下数据库中是否已经有了这一天的日记，如果有，则直接打开(这一点和前面是一样的)，如果没有，就插入一条新的日记再打开。
- 当单击"保存"按钮时，将当前"激活"的 MDI 子窗体对应的日记更新(update)回数据库。

根据以上分析，完成以下方法。

```csharp
/// <summary>
/// 这个连接字符串，在多个方法中均被用到，所以做成"全局变量"
/// </summary>
private const string sqlConn = "Data Source=(local);Initial Catalog=Diary;Integrated Security=True";
```

```csharp
/// <summary>
/// 获取日记，构成树状节点(集合)返回
/// </summary>
/// <returns></returns>
private List<TreeNode> LoadTree()
{
    List<TreeNode> result = new List<TreeNode>(); return result;
}
/// <summary>
/// 输入日期，返回该日期对应的日记文本。如果该日期不存在，则返回 null，可以此来进行是否存在
///   的查询
/// </summary>
/// <param name="date"></param>
/// <returns></returns>
private string GetDiaryText(DateTime date)
{
    return "";
}

/// <summary>
/// 添加一个空的新日记
/// </summary>
/// <param name="date"></param>
private void AddDiary(DateTime date)
{
}
/// <summary>
/// 保存指定日期的日记信息
/// </summary>
/// <param name="date"></param>
/// <param name="DiaryText"></param>
private void SaveDiary(DateTime date, string DiaryText)
{
}
```

以上方法仅仅提供了一个空的函数体，其内部代码尚未完成。我们可以据此判断一下，这些方法是否可以满足以下功能。

- 当打开程序时，查询已有的日期，将年份作为根节点，月份作为一级子节点，日期作为二级子节点展现为导航的树状结构。

在窗体打开时(窗体的 Load 事件)由方法 LoadTree()得到 TreeNode 的集合，将其加入到 TreeView 控件即可实现。该设计满足需要。

- 当双击一个日期节点时，从数据库查询得到该日期的日记文本，显示在右侧的 MDI 窗体中。

在树节点的双击事件中，判断节点是不是日期节点(原有代码已经实现了)。对日期节

点取其日期,由 GetDiaryText()方法获取日记文本,显示在 MDI 窗体中即可。该设计满足需要!

- 当新建日记时,我们查询一下数据库中是否已经有了这一天的日记,如果有,则直接打开(这一点和前面是一样的);如果没有,就插入一条新的日记再打开。

单击新建菜单或工具栏图标时,首先利用 GetDiaryText()方法获取今天的日记文本,如果获得 null,说明今天还没有日记,就调用 AddDiary(DateTime)方法新建一个空的日记数据,并将其打开;否则直接打开已经获取到的今天的日记信息。该设计需要联合使用两个方法。该设计满足需要!

- 当单击"保存"按钮时,将当前"激活"的 MDI 子窗体对应的日记更新(update)。

最后,当单击保存按钮或者工具栏图标时,获取当前激活的 MDI 窗体(原有代码已经实现了)调用 SaveDiary 即可。该设计满足需要!

当我们确认了所有设计出来的方法原型均可满足需求的时候,再编写其中的代码。这样,既可以保证我们编码时一心一意地专注于语法,又保证了我们不至于写到中途时再回头去进行大段的修改。实际上,如果将以上功能分析卸载代码中作为注释,其实本质上就是一段"伪代码"了!

下面的代码就是完成的函数实现。

```csharp
/// <summary>
/// 获取日记,构成树状节点(集合)返回
/// </summary>
/// <returns></returns>
private List<TreeNode> LoadTree()
{
    SqlConnection connDiary = new SqlConnection(sqlConn);
    List<TreeNode> result = new List<TreeNode>();

    //搜索出不重复的年份,这些将被作为树的一级节点(根节点)
    SqlCommand cmdDiary = new SqlCommand("select distinct [Year] from Diary", connDiary);

    try
    {
        connDiary.Open();
        //搜索用 ExecuteReader()方法得到数据读取器
        SqlDataReader rdYear = cmdDiary.ExecuteReader();

        //循环读取每一条信息
        while (rdYear.Read())
        {
            //获取第一列的值,作为 string。因为查询语句只有一列,所以用 0
            int year = rdYear.GetInt32(0);
            TreeNode tn0 = new TreeNode();
            tn0.Name = tn0.Text = year.ToString();
            tn0.ImageIndex = tn0.SelectedImageIndex = 0;
```

```
                result.Add(tn0);
            }
            //数据读取器用完以后一定要关闭
            rdYear.Close();
        }
        finally
        {
            if (connDiary.State == ConnectionState.Open)
            {
connDiary.Close();
 }
        }
        return result;
}
```

在界面的设计器中,删除原来"画"上去的那些"死"的节点。那些节点都是固定不变的,不是我们需要的东西。然后编写 LoadTree() 函数的代码如上。再到窗体的 Load 事件响应函数中编写如下所示的代码。这里的代码含义是将 TreeNode 集合添加到名为 tvwDays 的 TreeView 控件中(先清空)。

```
private void FrmMain_Load(object sender, EventArgs e)
{
    tvwDays.Nodes.Clear();
    tvwDays.Nodes.AddRange(LoadTree().ToArray());
}
```

运行之后,我们什么也看不到,一个树节点都没有出现,这是因为数据库中,真的一行数据都没有。为了让编写的代码能够直观地看到效果,我们到 SQL Server 中,手工添加几条记录,效果如图 5-10 所示。

ID	Year	month	Day	diaryText
1	2011	1	1	11
2	2011	1	2	33
3	2010	1	1	11
NULL	NULL	NULL	NULL	NULL

图 5-10

然后再运行一下程序看看,是不是得到了如图 5-11 所示的效果?

图 5-11

刚才数据库中没有数据,所以一个树节点都没有。现在数据库中有了三条数据(两个年份),于是就在界面上得到了两个代表年份的树节点。这个效果说明,我们的设计是成功的,代码也是正确的。

在以上代码中,使用了一个叫作 ExecuteReader()的方法,它将返回一个 SqlDataReader 对象的实例。SqlDataReader 从字面上看就是数据阅读器,它可以逐行读取数据,类似于 SQL 意义上的游标。每读取一条数据,"游标"需要前进一步,我们的阅读器也是一样的,需要使用 Read()方法使之前移,直到读不到数据为止。在每一步读取过程中,可以利用 GetInt32()、GetString()、GetBool()等方法来获取指定字段的数据。读取器用完之后,记得一定要关闭 Close()方法。

虽然以上代码运行正常,但是我们发现,树状节点仅仅只有一层,而我们需要的是三层。这一点并没有实现,所以还要继续修改,为其增加更多的查询。

- 逐个查询年份,得到该年份的所有月份,去掉重复。
- 逐个查询月份,得到该年该月下的所有日记日期。

```csharp
/// <summary>
/// 获取日记,构成树状节点(集合)返回
/// </summary>
/// <returns></returns>
private List<TreeNode> LoadTree()
{
    SqlConnection connDiary = new SqlConnection(sqlConn);
    List<TreeNode> result = new List<TreeNode>();

    //搜索出不重复的年份,这些将被作为树的一级节点(根节点)
    SqlCommand cmdDiary = new SqlCommand("select distinct [Year] from Diary", connDiary);

    try
    {
        connDiary.Open();
        //搜索用 ExecuteReader()方法得到数据读取器
        SqlDataReader rdYear = cmdDiary.ExecuteReader();

        //循环读取每一条信息
        while (rdYear.Read())
        {
            //获取第一列的值,作为 string。因为查询语句只有一列,所以用 0
            int year = rdYear.GetInt32(0);
            TreeNode tn0 = new TreeNode();
            tn0.Name = tn0.Text = year.ToString();
            tn0.ImageIndex = tn0.SelectedImageIndex = 0;
            result.Add(tn0);
        }
```

```csharp
        //数据读取器用完以后一定要关闭
        rdYear.Close();

        //对年份逐个搜索，找出其月份
        foreach (TreeNode node0 in result)
        {
            //注意此处我们使用了变量，而不再是常量查询
            SqlCommand cmdMonth = new SqlCommand("select distinct [month] from Diary where [year]=" + node0.Name, connDiary);
            SqlDataReader rdmonth = cmdMonth.ExecuteReader();

            while (rdmonth.Read())
            {
                int month = rdmonth.GetInt32(0);
                TreeNode tn1 = new TreeNode();
                //依然构造为 yyyyMM 格式的字符串，所以需要进行一下补 0 运算
                tn1.Name = node0.Name + (month < 10 ? ("0" + month.ToString()) : month.ToString());
                tn1.Text = month.ToString();
                tn1.ImageIndex = tn1.SelectedImageIndex = 1;
                //将二级节点加到根节点下
                node0.Nodes.Add(tn1);
            }
            rdmonth.Close();
        }
    }
    finally
    {
        if (connDiary.State == ConnectionState.Open)
        {
            connDiary.Close();
        }
    }
    return result;
}
```

运行效果可见，树节点中已经可以同时出现代表月份的二级节点了。在查询语句中，我们用到了字符串的加法来处理年份的"变量"，这一点和之前稍有不同，而 Reader 对象的使用则是相同的。

以此为基础，不难实现日期的查询，只是日期的查询条件变成了年、月相等的两个 where 条件而已。新增代码如下，重复部分不再列出。

```csharp
//对年份逐个查找
foreach (TreeNode node0 in result)
{
```

```csharp
//对月份逐个搜索,找出该年该月有几个日记
foreach (TreeNode node1 in node0.Nodes)
{
    SqlCommand cmdDay = new SqlCommand("select distinct [Day] from Diary where [year]="
        + node0.Name + " and [month]=" + node1.Text, connDiary);
    SqlDataReader rdDay = cmdDay.ExecuteReader();
    while (rdDay.Read())
    {
        int day = rdDay.GetInt32(0);
        //添加日期节点
        TreeNode tn2 = new TreeNode();

        //依然构造为 yyyyMMdd 格式的字符串,所以需要进行一下补 0 运算
        tn2.Name = node0.Name + (node1.Text.Length == 1 ? ("0" + node1.Text) : node1.Text)
            + (day < 10 ? ("0" + day.ToString()) : day.ToString());
        tn2.Text = day.ToString();
        tn2.ImageIndex = tn2.SelectedImageIndex = 2;
        node1.Nodes.Add(tn2);
    }
    rdDay.Close();
}
```

需要注意的仅仅只是查询语句中 SQL 语法和 C#语法混杂在一起时的这个表达式。

`"select distinct [Day] from Diary where [year]=" + node0.Name + " and [month]=" + node1.Text`

这是常见的 SQL 操作,我们需要清醒地认识到如何利用 C#语法构造一个合理的 SQL 语法,否则将会在执行时得到一个由 SQL 语句不正确而造成的错误提示。

接下来,我们来实现另一个功能,双击日期节点,打开日记,对刚才设计的 GetDiaryText 方法编写代码如下。

```csharp
/// <summary>
/// 输入日期,返回该日期对应的日记文本。如果该日期不存在,则返回 null,可以此来进行是否存在
///    的查询
/// </summary>
/// <param name="date"></param>
/// <returns></returns>
private string GetDiaryText(DateTime date)
{
    SqlConnection connDiary = new SqlConnection(sqlConn);
    SqlCommand cmdDiary = new SqlCommand("select DiaryText from Diary where [year]=" +
        d ate.Year + " and [month]=" + date.Month + " and [day]="
        + date.Day, connDiary);

    try
```

```
        {
            connDiary.Open();
            //注意此处调用的方法不是 ExecuteReader()
            string DiaryText= cmdDiary.ExecuteScalar();
            return DiaryText;
        }
        finally
        {
            if(connDiary.State == ConnectionState.Open)
            {
                connDiary.Close();
            }
        }
}
```

我们来解读一下这段代码，其中使用了 cmdDiary.ExecuteScalar()方法来进行查询，这种用法和我们刚才的执行查询不同。ExecuteReader()方法返回的是一个结果的集合，即多行多列。我们通过 Read()方法来逐个读取每一行，利用 GetInt32()、GetString()等方法来取得该行的某一个数据。而 ExecuteScalar()方法却只返回一个 Object 数据，它的含义是返回查询结果的第一行第一列。当执行 Max、Min 等各种聚合函数时，往往会得到一个只有一行一列的结果。而本例中的情况也正是如此，按年月日查询得到的日记信息，要么不存在，要么获得唯一的一条，绝对不应该也不会出现两行的情况。

对于只需要获得一个单一结果的查询，我们直接用 ExecuteScalar()方法显然是优于选择 ExecuteReader()方法的。

接着来实现后续的功能，双击一个日期节点时，打开这个日期的日记文本，显示于 MDI 窗体中。其中主体部分已经在上一单元完成了，我们做少量修改，粗体部分为新增、修改的代码。

```
private void tvwDays_NodeMouseDoubleClick(object sender, TreeNodeMouseClickEventArgs e)
{
    if (e.Node.Level != 2)
    {
        return;
    }
    //将节点上的 string 型"日期"转化为真正的 DateTime 类型
    DateTime date = DateTime.ParseExact(e.Node.Name, "yyyyMMdd",
    CultureInfo.InvariantCulture);
    //调用方法查询日记文本
    string diaryText = GetDiaryText(date);

    string showText = e.Node.Name.Insert(4, "-").Insert(7, "-");
    //遍历窗体导航按钮，检查该窗体是否已经被打开过了
    foreach (Button btnNav in fPnWindows.Controls)
    {
```

```csharp
            //对于已经打开过的窗体，无须进行再次打开，只需要激活即可
            if (btnNav.Text == showText)
            {
                    //触发"单击事件"有专门的方法调用，与直接调用事件响应函数 btn_Click(sender,e)
                    概念上是不同的
                btnNav.PerformClick();
                return;
            }
    }
    //新建一个按钮
    Button btn = new Button( );
        //根据界面设计需要，设置一些属性(与使用属性面板等效，但是这个按钮在设计的时候并
          不会出现在设计器中，故而只能使用代码)
    btn.Height = 25;
    btn.Width = 100;
    btn.Margin = btn.Padding = new System.Windows.Forms.Padding(0);

    btn.Text = showText;
     btn.Font = new System.Drawing.Font("宋体", 9);
     FrmDocument newDoc = new FrmDocument();

    //不再由磁盘读取而应该用数据库查询方法的返回值
    newDoc.tbText.Text = diaryText;

    //此处极为重要
    btn.Tag = newDoc;
    newDoc.Tag = btn;
    newDoc.MdiParent = this;

    newDoc.Text = showText;

    newDoc.Show();
    //将刚才新建的按钮放到布局面板中
    fPnWindows.Controls.Add(btn);
    //为按钮添加"事件响应函数"
    btn.Click += new EventHandler(btn_Click);
    }
}
```

我们在合适的事件响应函数中编写函数调用，从数据库搜索得到日记的文本信息。然后将原先的由磁盘读取改为使用数据库中得到的文本。仅仅少许几行代码的更改，就完成了双击打开日记的功能。

下面继续实现新建和保存的函数代码。

/// <summary>

```csharp
/// 添加一个空的新日记
/// </summary>
/// <param name="date"></param>
private void AddDiary(DateTime date)
{
    SqlConnection connDiary = new SqlConnection(sqlConn);
    SqlCommand cmdDiary = new SqlCommand("INSERT INTO [Diary] ([Year] ,[month],
                    [Day],[diaryText]) VALUES(" + date.Year + "," + date.Month + ","
                    + date.Day + ",')", connDiary);
    try
    {
        connDiary.Open();
        //注意此处和前两处不同,不再是查询了,所以调用的是 ExecuteNonQuery()方法
        cmdDiary.ExecuteNonQuery();
    }
    finally
    {
        if (connDiary.State == ConnectionState.Open)
        {
            connDiary.Close();
        }
    }
}
/// <summary>
/// 保存指定日期的日记信息
/// </summary>
/// <param name="date"></param>
/// <param name="DiaryText"></param>
private void SaveDiary(DateTime date, string DiaryText)
{
    SqlConnection connDiary = new SqlConnection(sqlConn);
    SqlCommand cmdDiary = new SqlCommand("update [Diary]   set [diaryText]='"
    + DiaryText + "' where [Year] =" + date.Year + " and [month]="
    + date.Month + " and [Day]=" + date.Day, connDiary);
    try
    {
        connDiary.Open();
        //注意此处和前两处不同,不再是查询了,所以调用的是 ExecuteNonQuery()方法
        cmdDiary.ExecuteNonQuery();
    }
    finally
    {
        if (connDiary.State == ConnectionState.Open)
        {
            connDiary.Close();
```

```
            }
        }
    }
```

不难发现，这两个方法的相似度极高，唯一的区别就在于一个使用了 Insert 语句，一个使用了 Update 语句。在这里，我们又了解了一个执行语句的方法——ExecuteNonQuery()。从字面意义上来说，它是用来执行所有"非查询"语句的。显然 Insert 和 Update 都不是"查询(Select)"，所以用这个方法来执行。

这两段代码中，最令人费解的部分就是 SQL 语句的交错语法——C#语法和 SQL 语法混合编写，俗称"单双引号问题"。如果以上代码让你困惑的话，不妨看看以下两种写法。

```
string.Format("INSERT INTO [Diary] ([Year] ,[month],[Day],[diaryText]) VALUES({0},{1},{2},'')",
    date.Year, date.Month, date.Day);

string.Format("update [Diary]   set [diaryText]='{0}' where [Year] ={1} and [month]={2} and
    [Day]={3}", DiaryText, date.Year, date.Month, date.Day);
```

这样的 SQL 语句将会显得通俗易懂一些。双引号内是完整的 SQL 语法，在变量的部位使用了{0}{1}字样的占位符，并在后面的参数中提供这些占位符的变量值。不难发现，在前面的写法中，单引号、逗号作为 SQL 的语法元素出现，而双引号、加号则是作为 C#的字符串语法出现的。

由于 string.Format 占位符写法简单易懂，而且便于从 SQL Server 的查询分析器中复制粘贴，所以一般我们推荐使用这种写法。但是由于上一种写法流传广泛，所以我们也必须能够掌握。

现在我们实现了保存和新建的方法，只需要在界面控件合适的事件中添加这两个方法的调用即可。实际上那些代码我们之前已经写过了，只需将不必要的部分注释掉，加入新的调用，代码如下，粗体部分为新增、改变的代码。

```
private void mnuNew_Click(object sender, EventArgs e)
{
    DateTime now = DateTime.Now;
    TreeNode[] currentDayNode = tvwDays.Nodes.Find(now.ToString("yyyyMMdd"), true);
    //数组长度为1代表找到今天日期的日记节点了，否则说明还没有今天日期的日记
    if (currentDayNode.Length != 1)
    {
        #region 添加节点
        //此处代码冗长，与上述代码相比未做修改，从略
        #endregion

        #region 添加一个空的磁盘文件
        //StreamWriter sw = File.CreateText(now.ToString("yyyyMMdd") + ".txt");
        //sw.Close();
        #endregion
```

```
            #region 新建一个日记内容为"空"的数据库记录
            AddDiary(now);
            #endregion
    }
    //此处代码冗长，与上述代码相比未做修改，从略
    FrmDocument newDoc = new FrmDocument();
    //原代码由磁盘读取，改为数据库读取即可
    //newDoc.tbText.Text = File.ReadAllText(now.ToString("yyyyMMdd") + ".txt");
    newDoc.tbText.Text = GetDiaryText(now);
    //此处代码冗长，与上述代码相比未做修改，从略
}

private void 保存SToolStripButton_Click(object sender, EventArgs e)
{
    //如果当前激活的子窗体不存在(即一个窗体也没有)，则直接退出函数执行过程，什么也不做
    if (this.ActiveMdiChild == null)
    {
        return;
    }
    //与原有代码相同，利用窗体的 tag 找到按钮上的日期
    string date = ((this.ActiveMdiChild as FrmDocument).Tag as Button).Text;
    //保存需要两个参数，其一为日期，由 string 的日期转换而来，其二为文本框的值，直接取用
    SaveDiary(DateTime.Parse(date),
    (this.ActiveMdiChild as FrmDocument).tbText.Text);
}
```

至此，所有目标功能均已实现，但是作为日记本而言，原来的作为记事本"打开"的菜单和工具栏按钮就显得多余了，在设计器界面将其删除。

5.6 ADO.NET 中的事务处理

通常情况下，对数据库要进行多次更新，这些更新应在事务处理的范围内进行。

5.6.1 事务说明

例如，银行转账问题：用户甲要从 A 银行转账到 B 银行，大致要经历如下几个步骤。
(1) A 银行将甲的存款减少。
(2) A 银行将甲的转账款转到 B 银行。
(3) B 银行收到 A 银行的拨款。
(4) B 银行将甲的存款增加。
现在假设在 A 银行执行完步骤(2)后，突然遇到不可预料的情况(如断电、系统死机或其他原因)导致 B 银行没有收到 A 银行的拨款，这时候问题出来了，两个银行的记录不能

统一！这就需要用到事务。事务处理是一组数据操作，这些操作要么必须全部成功，要么必须全部失败，以保证数据的一致性和完整性。在这个例子中，现在使用事务，把原来的 4 个执行单元当成 1 个单元来处理，这样就保证了这个执行单元要么执行成功(事务提交)要么执行失败(事务回滚)。

5.6.2 事务构建

事务处理通常使用下列命令，它们是事务处理的构建块。
- Begin：在执行事务处理中的任何操作之前，必须使用 Begin 命令来开始事务处理。
- Commit：成功地将所有修改都存储于数据库时，才算是提交了事务处理。
- Rollback：由于在事务处理期间某个操作失败，而取消事务处理已做的所有修改。
- 在使用事务时大致可以用这样一个模型。
- 开始事务。
- 执行相应的一系列操作。
- 判断操作是否成功。
- 若操作成功则使用 Commit 提交事务。
- 若操作失败则使用 Rollback 回滚。

5.6.3 Transaction 对象

表 5-5 中列出了由 .NET Framework 提供的用于实现事务处理的类。

表 5-5

类	说 明
OdbcTransaction	表示要对 ODBC 数据源进行的事务处理
OleDbTransaction	表示要对 OLE DB 数据源进行的事务处理
OracleTransaction	表示要对 Oracle 数据库进行的事务处理
SqlTransaction	表示要对 SQL Server 数据库进行的 T-SQL 事务处理

所有这些类都实现 System.Data.IDbTransaction 接口，而且不能被继承。接下来将介绍如何使用 SqlTransaction 管理 SQL 数据库的事务处理。首先，对 SqlConnection 对象调用 BeginTransaction()方法时，将创建一个 SqlTransaction 对象。

表 5-6 中列出了 SqlTransaction 类的部分公有属性和方法。

表 5-6

属 性	说 明
Connection	获取与事务处理关联的 SqlConnection 对象

(续表)

方 法	说 明
Commit()	提交数据库事务处理
Rollback()	回滚数据库事务处理

在 ADO.NET 中实现事务处理时执行的基本步骤如下。

(1) 创建数据库连接并打开。

```
string source = "server=(local)\\sqlexpress;integrated security=True;database=Students";
SqlConnection sqlCon = new SqlConnection(source);
sqlCon.Open();
```

(2) 使用 Connection 对象的 BeginTransaction()方法开始事务处理。

```
SqlTransaction sqlTran = sqlCon.BeginTransaction();
```

(3) 将 Command 对象的 Transaction 属性设置为创建的事务处理对象。

```
SqlCmd.Transaction = sqlTran;
```

(4) 使用 Command 对象执行 SQL 命令。

```
SqlCmd.ExecuteNonQuery();
```

(5) 如果操作过程中没有错误,则提交事务处理,否则,回滚已完成的所有修改。

```
SqlTran.Commit();    //sqlTran.Rollback();
```

(6) 关闭连接。

```
SqlCon.Close();
```

以下我们对前面的示例加入事务处理,再添加学员基本信息记录,添加成功则提交到数据库,添加失败则事务回滚。

 注意

尽管事务处理有很多优点,但事务处理涉及对表行的锁定,有时会导致性能问题。建议仅在十分必要的情况下使用事务处理。另外,事务处理应该尽可能地短。默认情况下,事务如果不提交,则被回滚。

 注意

对事务处理对象开始执行 BeginTransaction()方法之后,则在提交或回滚此事务之前不能对同一个对象再次调用 BeginTransaction()方法,这是因为事务处理不能并发运行。

【单元小结】

- .NET Framework 中的 ADO.NET 是一组类，允许应用程序与数据库交互，以便检索和更新信息
- 每种 .NET 数据提供程序都是由以下四个对象组成：Connection、Command、DataAdapter 以及 DataReader
- Connection 对象用于在应用程序和数据库之间建立连接
- Command 对象允许向数据库传递请求、检索和操纵数据库中的数据
- 用于查询的 Command 和用于执行非查询的 Command 在使用上的异同

【单元自测】

1. 每种 .NET 数据提供程序都位于(   )命名空间内。
   A. System.Provider   B. System.Data
   C. System.DataProvider   D. System.Data.SqlClient
2. ADO.NET 的两个主要组件是(   )和(   )。
   A. DataAdapter 和 DataSet   B. Connection 和 Command
   C. .NET 数据提供程序和 Command   D. DataSet 和 .NET 数据提供程序
3. (   )方法执行指定为 Command 对象的命令文本的 SQL 语句，并返回受 SQL 语句影响或检索的行数。
   A. ExecuteNonQuery()   B. ExecuteReader()
   C. ExecuteQuery()   D. ExecuteScalar()
4. Connection 对象的(   )方法用于打开与数据库的连接。
   A. Close()   B. ConnectionString()
   C. Open()   D. Database()
5. Connection 对象的(   )方法用于开始事务处理。
   A. BeginTransaction()   B. Rollback()
   C. Commit()   D. Save()

【上机实战】

上机目标

- 掌握 Connection 对象的常用属性和方法

- 掌握 Command 对象的常用属性和方法
- 掌握 ADO.NET 对数据库单项操作

上机练习

◆ 第一阶段 ◆

练习1：第一个程序

【问题描述】
使用 SqlConnection 对象连接本机 SQL Server 2008 中的数据库。

【问题分析】
- 本练习主要是为了巩固理论课所讲解的 ADO.NET 连接数据库以及 SqlConnection 对象的用法。
- 连接数据库的条件：数据库服务器正常启动，用户名和密码合规，所连接的数据库存在。
- 以上因素构成了数据库连接字符串，注意连接字符串的书写。
- 连接数据库后，必须打开或者激活数据库连接。使用 SqlConnection 对象的 Open() 方法。
- 操作完数据库后，注意数据库资源关闭和释放。使用 SqlConnection 对象的 Close() 方法。

【参考步骤】
(1) 在 Visual Studio 2008 中新建一个名为 LinkDemo 的基于 Windows 应用程序的项目。
(2) 将默认窗体重命名为 frmLinkInfo.cs。
(3) 用户界面的设计如图 5-12 所示。

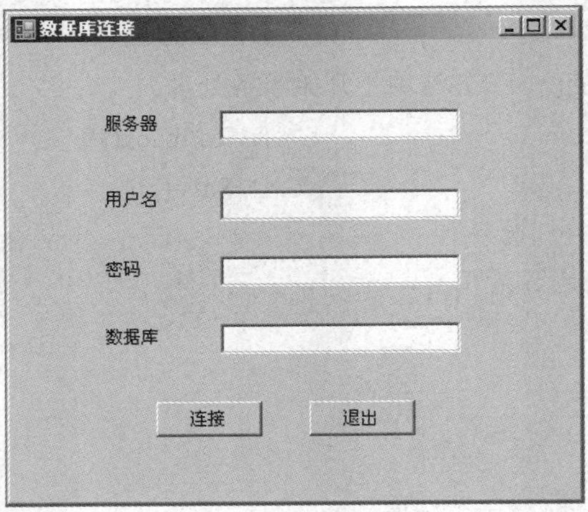

图 5-12

(4) 表 5-7 显示所有控件及其属性。

表 5-7

控 件	名 称	属 性	值
Form	frmLinkInfo	Text	数据库连接
Button	btnLink	Text	连接
	btnExit	Text	退出
Label	lblServer	Text	服务器
	lblUid	Text	用户名
	lblPwd	Text	密码
	lblData	Text	数据库
TextBox	txtServer	Text	
	txtUid	Text	
	txtPwd	Text	PasswordChar *
	txtData	Text	

(5) 完整代码如下所示。

```csharp
using System;
using System.Collections.Generic;
using System.ComponentModel;
using System.Data;
using System.Drawing;
using System.Text;
using System.Windows.Forms;
//导入命名空间
using System.Data.SqlClient;
namespace LinkDemo
{
    public partial class frmLinkDemo : Form
    {
        //定义 SqlConnection 对象
        private System.Data.SqlClient.SqlConnection sqlCon;
        public frmLinkDemo()
        {
            InitializeComponent();
        }
        private void btnLink_Click(object sender, EventArgs e)
```

```csharp
{
    //获取界面信息
    string server = txtServer.Text.Trim();
    string uid = txtUid.Text.Trim();
    string pwd = txtPwd.Text.Trim();
    string data = txtData.Text.Trim();
    //验证信息是否为空
    if (server.Equals("") || uid.Equals("") || pwd.Equals("") || data.Equals(""))
    {
        MessageBox.Show("请将信息填写完整!");
    }
    else
    {
        //拼接连接字符串
        string strSor = "server=" + server + ";uid=" + uid + ";pwd="
            + pwd + ";database=" + data;
        //通过连接字符串实例化 SqlConnection 对象
        sqlCon = new SqlConnection(strSor);
        //打开连接
        try
        {
            sqlCon.Open();
            MessageBox.Show("连接成功!");
        }
        catch (SqlException ex)
        {
            MessageBox.Show(ex.Message);
        }
        finally
        {
            if (connDiary.State == ConnectionState.Open)
            {
                sqlCon.Close();
            }
        }
    }
}
}
```

(6) 显示效果如图 5-13 所示。

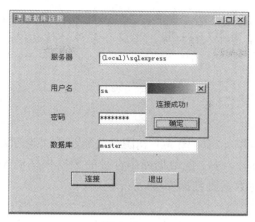

图 5-13

(7) 如果连接不成功(程序发生异常)，仔细分析弹出对话框中异常信息的含义。

◆ 第二阶段 ◆

练习 2：第二个程序

【问题描述】

为 NorthWind 数据库中的雇员表 Employees 中添加数据。

【问题分析】

- 本练习主要是联合使用 SqlConnection 对象和 SqlCommand 对象实现对数据库的单项操作。
- SqlConnection 对象负责数据库的连接打开和关闭。
- SqlCommand 对象负责执行 T-SQL 语句对数据库进行命令操作。

【参考步骤】

(1) 在 Visual Studio 2008 中新建一个名为 NorthWindDemo 的基于 Windows 应用程序的项目。

(2) 将默认窗体重命名为 frmEmployees.cs。

(3) 用户界面的设计如图 5-14 所示。

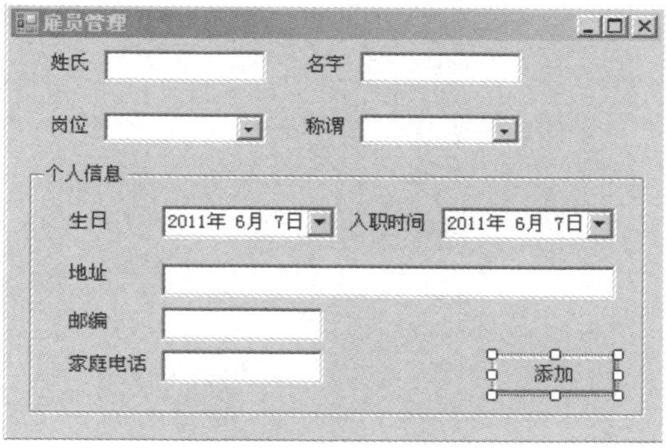

图 5-14

(4) 编写完整代码，实现姓氏、名字、岗位不能为空，入职时间不能小于生日时间的判断。符合条件的员工信息插入数据库，不符合条件的信息弹出消息窗体提示用户重新输入。

【拓展作业】

设计一个表用来存放单元三中图 3-1 和图 3-2 所示的"选项对话窗"的数据。编写代码实现此功能：打开窗体时，按上题数据库中存放的数据来呈现 MDI 日记本的界面；选项对话窗关闭时，保存上述数据到数据库中。

单元六 DataSet 和适配器

课程目标

- ▶ 理解并学会使用记录集(DataSet)对象
- ▶ 学会使用数据适配器(DataAdapter)对象

简 介

上一单元我们提到过 ADO.NET 的一个重要部分——DataSet，也称为"数据集"，它是一个用于存储从数据库检索到的数据的对象。数据集可以简单地理解成为一个临时数据库，它是断开式存储于内存中的。可以从任何有效数据源(如SQL Server、Oracle、文本文件或 XML 文件)将数据加载到数据集中。数据集是由数据行和列、约束和有关表对象中数据关系的信息组成的若干个表对象的集合。这些数据缓存在本地计算机上，不需要与数据库连接。

6.1 DataSet

6.1.1 DataSet 概述

数据集既可以容纳数据库的数据，也可以容纳非数据库的数据源。即数据集有两种类型：类型化数据集和非类型化数据集。

数据集不与数据库"直接"交互，它们只是数据的容器。与数据库交互的作用是由.NET数据提供程序完成的。数据集独立于任何数据库，并且可以用于存储各种数据类型，如数据库中的数据以及 Excel 电子表格等非数据库数据。图 6-1 所示为描述了数据集(DataSet)类的层次结构。

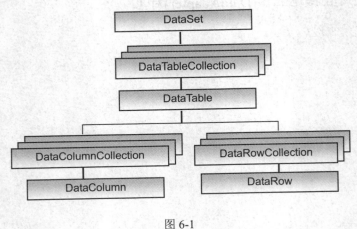

图 6-1

图 6-2 所示为描述了数据集(DataSet)类的组成结构。

图 6-2

从上图中可以看出,数据集的结构类似于关系型数据库的结构。表 6-1 中描述了每个类的作用。

表 6-1

类	说 明
DataTableCollection	包含特定数据集的所有 DataTable 对象
DataTable	表示数据集中的一个表
DataColumnCollection	表示 DataTable 对象的结构
DataRowCollection	表示 DataTable 对象中的实际数据行
DataColumn	表示 DataTable 对象中列的结构
DataRow	表示 DataTable 对象中的一个数据行

数据集工作的一般原理简要描述如图 6-3 所示。

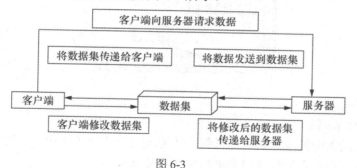

图 6-3

用户需要数据库中的一些数据以便执行特定的任务,先向服务器发出请求,要求获取所需的数据,服务器用 DataAdapter 将所要求的数据存储到数据集中(将在后面的部分介绍 DataAdapter),然后再将数据集传递给客户端。客户端应用程序修改数据集中的数据时,并不是立即修改服务器中的数据并等到修改完毕再确定,而是统一将修改过的数据集发送至服务器,服务器接收数据集数据并修改数据库中的数据。

数据集一般有如下两种类型。

- 类型化数据集

类型化数据集是一个生成类，它继承了基类 DataSet 的所有方法、事件和属性。由此类型化数据集可派生出新的数据集类。类型化数据集允许使用强类型的方法、事件和属性。这就允许直接访问表名和列名，而无须使用基于集合的方法。使用类型化数据集提高了代码的整体可读性，并可帮助编译器完成自动键入的代码行。

下面代码演示了如何使用类型化数据集访问列。

```
string titleName;
titleName = dsTitles.Title[0].TitleName;
```

该代码片段中的 dsTitles 是一个类型化 DataSet(数据集)的实例对象，我们可以从名为"Title"的表中获取第一行、列名为"TitleName"单元格的值，然后将其存储在 titleName 字符串变量中。如果感觉不直观，可以把它想象成一个 Excel 表格，如图 6-4 所示。一个数据库中，可以有多张表，同样的一个 DataSet 中也可以有多张表，形象理解为 Excel 时，我们可以看到在二维表(Sheet)中，每一个表都有一个名字，如"Title"。数据库中的数据有行有列，呈现为二维结构，DataSet 中的每一个表(DataTable)同样也是有行有列的二维结构，其中用行索引号 0 来代表第一行，形象理解为 Excel 中标示出的第二行(Excel 计数方式和数据库是不一致的，因为含有表头)，而 TitleName 列在这一行中代表就不是一"列"，而是一"格"了。

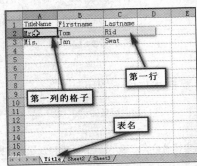

图 6-4

- 非类型化数据集

非类型化数据集中的表和列只能以集合的形式公开，而不能用于借助 XML 结构文件派生新类。以下代码演示如何使用非类型化数据集访问列。

```
string titleName;
titleName = dsTitles.Tables["Title"].Rows[0]["TitleName"];
```

该代码片段使用 Tables 集合返回 TitleName 列，这种写法比较常见，但是显然不如上一种写起来顺手。它的含义是 dsTitles 这个 DataSet 中的所有表(Tables，注意是复数形式)中名为"Title"的表，表中所有的行(Rows，注意也是复数形式)中的第一行(索引号 0)中的名为"TitleName"的列对应的格子。

6.1.2 使用 C#代码创建数据集

使用 DataSet 构造函数创建数据集实例。数据集的名称是可选的，不需要指定。如果没有指定名称，则创建的数据集的默认名称为 NewDataSet。

以下代码演示如何创建名为 StudentInfo 的数据集。

```
DataSet stuDataSet = new DataSet("StudentInfo");
DataSet stuDataSet = new DataSet();
```

表 6-2 中列出了 DataSet 类的部分属性和方法。

表 6-2

属　　性	说　　明
DataSetName	用于获取或设置当前数据集的名称
Tables	用于检索数据集中包含的表集合
方　　法	说　　明
Clear()	清除数据集中包含的所有表的所有行
HasChanges()	返回一个布尔值，指示数据集是否更改

DataSet 类的最常用的属性是 Tables。Tables 属性表示 DataSet 中所有"表"的集合，上面的代码中，我们见到的复数形式 Tables，从数据类型上看，这种集合被称为 DataTableCollection。DataTableCollection 所具有的一些属性和方法可用于集合中的每个表。表 6-3 列出了其中部分的重要属性和方法。

表 6-3

属　　性	说　　明
Item	DataTableCollection 中的一个特定表，它可用于访问 DataTableCollection 中的单个表，可以通过传递表的名称或表在集合中的索引值来访问表
方　　法	说　　明
Add()	向 DataTableCollection 中添加一个 DataTable 对象
Remove()	从 DataTableCollection 中移除一个 DataTable 对象
RemoveAt()	从 DataTableCollection 中移除指定索引位置上的一个 DataTable 对象

数据集中的每个 DataTable 对象都表示一个从数据库检索到的表，每个表的列和约束用于定义 DataTable 的结构。第一次创建 DataTable 时，其中不含该结构，通过创建 DataColumn 对象并将其添加至表 Columns 集合中来定义表的结构。

表 6-4 中列出了 DataTable 的属性、方法和事件。

表 6-4

属性	说明
Columns	表示列的集合或 DataTable 包含的 DataColumn
Constraints	表示特定 DataTable 的约束集合
DataSet	表示 DataTable 所属的数据集
PrimaryKey	表示作为 DataTable 主键的字段或 DataColumn
Rows	表示行的集合或 DataTable 包含的 DataRow
HasChanges	返回一个布尔值,指示数据集是否更改
方法	说明
AcceptChanges()	提交对该表所做的所有修改
NewRow()	添加新的 DataRow
事件	说明
ColumnChanged	修改该列中的值时激发该事件
RowChanged	修改该列中的值时激发该事件
RowDeleted	成功删除行时激发该事件

以下代码演示如何创建 DataTable 对象的实例,并将其名称指定为"Student"。

```
DataTable stuTable = new DataTable("Students");
```

以下代码演示如何创建 DataTable 的实例,然后将其添加到数据集 Tables 集合中。

```
DataSet stuDataSet = new DataSet();
DataTable stuTable = stuDataSet.Tables.Add("Students");
```

数据表在创建时不具有任何结构(即行、列、主外键等特性)。在 SQL 数据库中一个表没有任何一个列,是不允许的,而 DataSet 中的 DataTable 则显得宽容许多,不仅可以没有列,而且也可以没有主外键。

定义表结构,首先需要创建 DataColumn 对象并将其添加至表的 Columns 集合中。创建结构之后,就可以定义主键,接着通过向表的 Constraints 集合添加 Constraint 对象来定义约束。完成所有任务后,就可以在表中添加数据行(DataRow)了。

还有一个 SQL Server 的数据库表结构类似,DataSet 中的列(实际上是 DataSet 中的 DataTabale 中的列)需要有名字和数据类型。所以,DataColumns 包含一个 DataType 属性,该属性用于定义 DataColumn 中包含的数据类型,数据类型可以是整型、字符串和小数型等。需要注意的是,这里的数据类型应该是 C#中可以使用的类型,例如,SQL 中的 Bit 型,在 C#中对应为 bool 时,Varchar、Nvarchar 等均对应 C#的 String,而且实际上 C#中并没有 Bit 和 Varchar 这样的类型存在。

表 6-5 列出了 DataColumn 的属性。

表 6-5

属　　性	说　　明
AllowDBNull	表示一个值，指示对于该表中的行，此列是否允许 null 值
ColumnName	表示指定 DataColumn 的名称
DataType	表示指定 DataColumn 对象中存储的数据类型
DefaultValue	表示新建行时该列的默认值
Table	表示 DataColumn 所属的 DataTable 的名称
Unique	表示 DataColumn 的值是否必须是唯一的

以下代码演示如何在一个 DataTable 中添加列(DataColumn)。

```
//创建名为 Students 的数据表
DataTable stuTable = new DataTable("Students");
//创建数据列
DataColumn stuColumn = new DataColumn();
//设置该数据列的数据类型
stuColumn.DataType = typeof(int);
//设置该数据列的非空约束
stuColumn.AllowDBNull = false;
//设置该数据列的名称
stuColumn.ColumnName = "StuID";
//将该数据列添加到数据表中
stuTable.Columns.Add(stuColumn);
```

以上代码向 DataTable 中加入了一个列(Column)，但是这种写法并不常见，因为过于烦琐，通常我们可以利用 Add()方法的另一个重载快速地添加指定列名和数据类型的列，以下代码加入了三个列到 DataTable 中。

```
//简化方式利用 Add 的不同重载直接设置数据表中的列
stuTable.Columns.Add("StuName",typeof(string));
stuTable.Columns.Add("StuSex",typeof(Boolean));
stuTable.Columns.Add("StuBirth", typeof(DateTime));
```

有了列，表还需要设置哪一个(或者哪几个列)是主键列，这与 SQL 中的概念完全一致。我们利用 DataTable 的 PrimaryKey 属性来指派包含一个或多个 DataColumn 对象的数组作为主键。

以下代码演示如何在单个列上设置 DataTable 的主键。

```
stuTable.PrimaryKey = new DataColumn[] { stuTable.Columns["StuID"] };
```

以下代码演示如何设置 DataTable 对象的联合主键。

```
stuTable.PrimaryKey = new DataColumn[]
{
    stuTable.Columns["StuID"],
    stuTable.Columns["StuName"]
};
```

DataTable 中的约束是对表中的数据施加的限制或规则集。这些约束决定表中可以存储的数据,并用于维护数据的正确性和有效性。

有了数据列、主键和约束的表,就相当于一个空的 SQL Server 表格了,可以利用这个空的表格存放数据。在二维结构中,数据是以行为单位存放的,这里的数据行就是 DataRow 对象,它表示 DataTable 中的实际数据,而且 DataRow 对象中的数据是可以改变的。该对象维护数据的原始状态和当前状态。

表 6-6 中列出了 DataRow 的属性和方法。

表 6-6

属 性	说 明
Item	表示 DataRow 的指定列中存储的值
RowState	表示行的当前状态
Table	表示用于创建 DataRow 的 DataTable 的名称
方 法	说 明
AcceptChanges()	用于提交自上次调用了 AcceptChanges 之后对该行所做的所有修改
Delete()	用于删除 DataRow
RejectChanges6()	用于拒绝自上次调用了 AcceptChanges 之后对 DataRow 所做的所有修改

以下代码演示如何创建新的 DataRow。

```
//定义数据行,注意,不能用 new 关键字直接创建
DataRow stuRow;
//在数据表中新创建一行记录
stuRow = stuTable.NewRow();
//设置该行记录每一列的值
stuRow["StuID"]=10001;
stuRow["StuName"]="TOM";
stuRow["StuSex"]=true;
stuRow["StuBirth"]=new DataTime(1985,6,15);
//将该行添加到数据表中
stuTable.Rows.Add(stuRow);
```

在以上代码中,需要留意一下与之前所做的很多"实例化"操作不同的是,DataRow 的对象不能通过 new 关键字来创建,就像 DataReader 一样,必须通过其他对象的方法返回。其实这一点也很容易理解,毕竟一个 10 列的表和一个 100 列的表,它们的"行"差别是很大的;而且,脱离了"列"概念的"行"也是无意义的,因此,我们利用 Datatable 的 NewRow()方法创建一个属于自己的行,才是比较正常的行为。

6.1.3 在 DataSet 中检索数据

在上面的示例中,我们已经知道了如何向一个 DataSet 中添加数据行(实际上是向 DataSet 中的 DataTable 中添加数据),以及如何获取数据的值,例如,前面见到的代码。

```
string titleName;
titleName = dsTitles.Tables["Title"].Rows[0]["TitleName"];
```

但是这样的情况下,我们又如何对数据进行检索呢?例如,在 SQL 中,我们可以利用 SQL 语句的 Where 条件进行查询,找出"学生生日小(晚)于 1985 年的女生",但是在 DataSet 中,要如何操作呢?难道我们要用一个循环来遍历数据表(DataTable)中的每一行,然后用 if 条件去判断吗?这显然不是一件容易的工作,幸好微软为我们准备了一个用于检索数据的类——DataView。

DataView 是 DataTable 中存储的数据的表示层,它提供了对 DataTable 进行排序、筛选和搜索的自定义视图。DataView 可用于查看 DataTable 中存储的数据的子集。这样,就可以有两个结果集基于同一个 DataTable 上,但提供不同的数据视图。

表 6-7 中列出了 DataView 的部分属性和方法。

表 6-7

属　　性	说　　明
Item	用于从指定的表中获取一行数据
RowFilter	用于获取或设置表达式,该表达式用于筛选可以在 DataView 中查看的行
RowStateFilter	用于获取 DataView 的行状态筛选器
Table	用于表示源 DataTable
方　　法	说　　明
AddNew()	向 DataView 添加新行
Delete()	用于删除指定索引处的行

以下代码演示如何创建 DataView 并对该视图应用某种筛选器。

```
//在数据表中新创建一行记录
stuRow = stuTable.NewRow();
//设置该行记录每一列的值
stuRow["StuID"] = 10002;
stuRow["StuName"] = "JACK";
stuRow["StuSex"] = true;
stuRow["StuBirth"] = "1986-6-15";
//将该行添加到数据表中
stuTable.Rows.Add(stuRow);
//在数据表中新创建一行记录
stuRow = stuTable.NewRow();
//设置该行记录每一列的值
stuRow["StuID"] = 10003;
stuRow["StuName"] = "LUCY";
stuRow["StuSex"] = false;
stuRow["StuBirth"] = "1987-6-15";
//将该行添加到数据表中
stuTable.Rows.Add(stuRow);
//在数据表中新创建一行记录
```

使用WinForm开发桌面应用程序

```
stuRow = stuTable.NewRow();
//设置该行记录每一列的值
stuRow["StuID"] = 10004;
stuRow["StuName"] = "LILY";
stuRow["StuSex"] = false;
stuRow["StuBirth"] = "1988-6-15";
//将该行添加到数据表中
stuTable.Rows.Add(stuRow);
//此时，数据表中已经有三行数据了
//新建一个针对 stuTable 的数据视图
DataView StuView1 = new DataView(stuTable);
//筛选条件，类似于 SQL 的 Where 段
StuView1.RowFilter = "StuSex=true";
MessageBox.Show("男生数量:" + StuView1.Count);
//新建另一个针对 stuTable 的数据视图
DataView StuView2 = new DataView(stuTable);
//筛选条件，类似于 SQL 的 Where 段
StuView2.RowFilter = "StuSex=false";
MessageBox.Show("女生数量:" + StuView2.Count);
```

从运行结果上看，我们分别得到了男生和女生的数量，从而说明，针对一个数据表，产生了两种不同的"过滤"效果，分别得到了两个不同的"视图"。

在实际编程过程中，尤其是在后续的三层模式开发过程中，经常会遇到这样的情况，要操作的数据是一个中间生成的数据，它没有存储在数据库中，这就需要我们建立"临时数据库"，例如，DataSet 可以看成是一个"临时数据库"，在它里面可以创建表结构并存储数据。

下面来综合演示以上所讲解的内容，包括创建数据表、数据视图、过滤和显示数据。注意，在以下代码及界面中，并未使用到任何 SQL Server 的功能。我们要排除以往造成的"凡数据，必 SQL"的思路。

表 6-8 显示了 Students 表的结构。

表 6-8

字 段 名	类 型	长 度	默 认 值	主 键	外 键	为 空	备 注
StuID	int			yes		false	
StuName	string					false	
StuSex	boolean					false	
StuBirth	datetime					false	

表 6-9 显示了 Students 表中所填充的数据。

表 6-9

StuID	StuName	StuSex	StuBirth
10001	TOM	true	1985-6-15

(续表)

StuID	StuName	StuSex	StuBirth
10002	JACK	true	1986-6-15
10003	LUCY	false	1987-6-15
10004	LILY	false	1988-6-15

实现代码如下所示。

```
//数据集初始化
public void initInfo()
{
    DataSet stuDataSet = new DataSet();
    //创建名为 Students 的数据表
    DataTable stuTable = new DataTable("Students");
    //创建数据列
    DataColumn stuColumn = new DataColumn();
    //设置该数据列的数据类型
    stuColumn.DataType = typeof(int);
    //设置该数据列的非空约束
    stuColumn.AllowDBNull = false;
    //设置该数据列的名称
    stuColumn.ColumnName = "StuID";
    //将该数据列添加到数据表中
    stuTable.Columns.Add(stuColumn);
    //简化方式设置数据表中的列
    stuTable.Columns.Add("StuName",typeof(string));
    stuTable.Columns.Add("StuSex",typeof(Boolean));
    stuTable.Columns.Add("StuBirth", typeof(DateTime));
    //设置主键
    stuTable.PrimaryKey = new DataColumn[] { stuTable.Columns["StuID"] };
    //定义数据行
    DataRow stuRow;
    //在数据表中新创建一行记录
    stuRow = stuTable.NewRow();
    //设置该行记录每一列的值
    stuRow["StuID"]=10001;
    stuRow["StuName"]="TOM";
    stuRow["StuSex"]=true;
    stuRow["StuBirth"]="1985-6-15";
    //将该行添加到数据表中
    stuTable.Rows.Add(stuRow);
    //在数据表中新创建一行记录
    stuRow = stuTable.NewRow();
    //设置该行记录每一列的值
    stuRow["StuID"] = 10002;
    stuRow["StuName"] = "JACK";
    stuRow["StuSex"] = true;
    stuRow["StuBirth"] = "1986-6-15";
```

```csharp
    //将该行添加到数据表中
    stuTable.Rows.Add(stuRow);
    //在数据表中新创建一行记录
    stuRow = stuTable.NewRow();
    //设置该行记录每一列的值
    stuRow["StuID"] = 10003;
    stuRow["StuName"] = "LUCY";
    stuRow["StuSex"] = false;
    stuRow["StuBirth"] = "1987-6-15";
    //将该行添加到数据表中
    stuTable.Rows.Add(stuRow);
    //在数据表中新创建一行记录
    stuRow = stuTable.NewRow();
    //设置该行记录每一列的值
    stuRow["StuID"] = 10004;
    stuRow["StuName"] = "LILY";
    stuRow["StuSex"] = false;
    stuRow["StuBirth"] = "1988-6-15";
    //将该行添加到数据表中
    stuTable.Rows.Add(stuRow);
    //数据视图
    DataView StuView = new DataView(stuTable);
    //筛选条件
    StuView.RowFilter = "StuSex=true";
    dgvInfo.DataSource = StuView;
}

private void frmDataInfo_Load(object sender, EventArgs e)
{
    initInfo();
}
```

显示效果如图 6-5 所示。

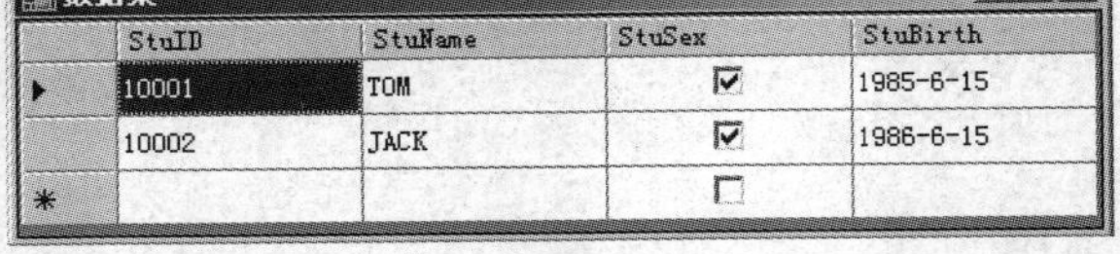

图 6-5

6.1.4 DataSet 数据的 XML 持久化处理

在上面的示例中，脱离了前几个章节的 SQL 知识，DataSet 本身就可以独立地作为数据库使用了。但是前面也提到过，DataSet 本质上是一个变量，它位于内存中，一旦程序关闭，数据就全部丢失了。所以在某些必要的时候，需要将 DataSet 中的数据保存起来，这个过程一般称为持久化。

通常，我们可以选择把数据作为文件存放在磁盘上，这是一种简单易用的手法和一种常规化的思路。作为二维数据，存放在文本文件中显然是不合适的。所以这里，我们引入了一个概念——XML 持久化，即将数据存放到 XML 文件中，或从 XML 中读出数据。

DataSet 内置了 XML 持久化的方法，即 WriteXML()和 ReadXML()。以下是一个简单的示例。

```
DataSet dsStu = new DataSet();
DataTable stuTable = dsStu.Tables.Add();
//对 stuTable 添加列并设置数据类型的代码从略，与前文代码相同

//在数据表中新创建一行记录
DataRow stuRow = stuTable.NewRow();
//设置该行记录每一列的值
stuRow["StuID"] = 10002;
stuRow["StuName"] = "JACK";
stuRow["StuSex"] = true;
stuRow["StuBirth"] = "1986-6-15";
//将该行添加到数据表中
stuTable.Rows.Add(stuRow);
//在数据表中新创建一行记录
stuRow = stuTable.NewRow();
//设置该行记录每一列的值
stuRow["StuID"] = 10003;
stuRow["StuName"] = "LUCY";
stuRow["StuSex"] = false;
stuRow["StuBirth"] = "1987-6-15";
//将该行添加到数据表中
stuTable.Rows.Add(stuRow);
//在数据表中新创建一行记录
stuRow = stuTable.NewRow();
//设置该行记录每一列的值
stuRow["StuID"] = 10004;
stuRow["StuName"] = "LILY";
stuRow["StuSex"] = false;
stuRow["StuBirth"] = "1988-6-15";
//将该行添加到数据表中
stuTable.Rows.Add(stuRow);
//此时，数据表中已经有三行数据了
dsStu.WriteXml("d:\\student.xml" );
```

以上代码执行后，将会在D盘下新建一个(或者覆盖)名为student.xml的文件。用记事本打开该文件，不难发现，这个文件里存放的不仅仅是dsStu中的数据，也包括dsStu中的表结构和主键、约束等信息。而在此时，如果执行以下代码，就可以得到一个与dsStu一模一样的DataSet了。

```
DataSet ds = new DataSet();
ds.ReadXml("d:\\student.xml");
```

在轻量级数据交互以及程序的本地缓存领域，使用 XML 是一个不错的选择。例如，我们在使用 QQ 聊天的时候，通话记录被保存在了本地磁盘上(换一台机器是看不到的)，而这些数据使用 SQL 或者 Oracle 来保存，一来有昂贵的商业授权代价，二来有点大材小用。事实上，没有见过任何一款聊天工具会使用数据库来存放本地数据。这时，用某种本地持久化技术保存到磁盘就是一种较好的方法。当然，QQ 实际的存储要比这个示例复杂得多，其中还包含了加密和性能优化的因素，而且 QQ 也不是用 C#编写的，我们仅用这个示例来说明 DataSet 在实际开发中的广泛应用场景。

6.2 DataAdapter

在上一节，XML 持久化的示例中，我们选择将数据存放到本地磁盘。但是在某些场合下，我们更希望把数据存回数据库中去，例如，上一单元的 MDI 日记本程序。这时，就需要一个能够在 DataSet 和 SQL Server 中的"中间人"角色了。

之前我们介绍过，所谓的适配器，就是完成两种(甚至更多种)不同东西之间的转换过程——适应并匹配，就像电源充电器被称为"电源适配器"那样。用于在 SQL Server 和 DataSet 之间充当中间人的，就是 SQLAdapter；用于在 Oracle 和 DataSet 之间的就是 OracleAdapter。下面，我们以 SQLAdapter 作为示例讲解一下它们的用法。

表 6-10 中列出了.NET 数据提供程序及其 DataAdapter 类。

表 6-10

数据提供程序	适配器类
SQL 数据提供程序	SqlDataAdapter
OLE DB 数据提供程序	OleDbDataAdapter
Oracle 数据提供程序	OracleDataAdapter
ODBC 数据提供程序	OdbcDataAdapter

DataAdapter 类表示数据库连接和数据命令集，它们用于填充数据集和更新数据库。通常每个数据适配器都在一个数据源表和数据集中的一个数据表对象之间交换数据。在数据集包含许多数据表时，需要使用许多数据适配器从数据集中读取数据，并将其数据写入各个数据源表中。

表 6-11 列出了 DataAdapter 类的部分属性和方法。

表 6-11

属　　性	说　　明
AcceptChangesDuringFill	决定在把行复制到 DataTable 中时对行所做的修改是否可以接受
TableMappings	容纳一个集合，该集合提供返回行和数据集之间的主映射

(续表)

方　　法	说　　明
Fill()	用于添加或刷新数据集，以便使数据集与数据源匹配
FillSchema()	用于在数据集中添加 DataTable，以便与数据源结构匹配
Update()	将 DataSet 里面的数值存储到数据库服务器上

以下代码演示了如何使用 DataAdapter，将从 SQL Server 2008 数据库中检索到的记录"填充"到数据集中。

```
string strSor = "server=(local)\\sqlexpress;integrated security=True;database=Students";
sqlCon = new SqlConnection(strSor);
string strsql = "select * from StuInfo";
sqlAda = new SqlDataAdapter(strsql, sqlCon);
sqlDs = new DataSet();
sqlAda.Fill(sqlDs, "StuInfo");
```

看到这里，细心的同学可能已经发现了，sqlCon 连接并没有 Open，也没有 Close，但是却能够执行成功。这是因为在 SQLAdapter 内部已经自动完成了这一步骤，无须我们进行干预。同时也就省去了上一单元中令人头痛的 try...finally 语句块。

6.3　综合演练——修改 MDI 日记本

DataSet在实际应用中最浓墨重彩的特色就是作为一种可以"脱机"的数据源来使用了。在窗体一打开的时候，就将需要的数据存放到DataSet中，作为一个全局变量，这样，如果再需要进行查询，也无须去数据库消耗无谓的性能了。另外，除了能够用数据适配器(DataAdapter)进行查询之外，还能进行增、删、改的数据操作，下面就用一个具体的示例来说明。该示例功能和上一单元完全相同，但是所有的数据库操作全都改写了。

首先，我们在窗体中声明全局变量，这样，就可以在所有方法中使用了。

```
private DataSet dsDiary = new DataSet();
private SqlDataAdapter sdaDiary;
```

然后在窗体的 Load 事件响应函数中编写初始化数据表的代码。

```
//初始化表结构(与数据库一致)
DataTable dtDiary = new DataTable("diary" );
dtDiary.Columns.Add("id", typeof(int));
dtDiary.Columns.Add("year", typeof(int));
dtDiary.Columns.Add("month", typeof(int));
dtDiary.Columns.Add("day", typeof(int));
dtDiary.Columns.Add("diaryText", typeof(string));
//设置表主键
dtDiary.PrimaryKey = new DataColumn[] { dtDiary.Columns["id"] };
```

```csharp
//表加入到数据集中
dsDiary.Tables.Add(dtDiary);

//初始化适配器
sdaDiary = new SqlDataAdapter("select * from diary", sqlConn);
```

　　这段代码的含义就是在窗体一打开的时候，就准备好一个可以存放数据的表作为容器，以及一个可以查询的适配器以便调用。
　　接着我们就可以动手改造原有功能了。首先还是从加载导航树节点的 LoadTree() 方法开始，改造 LoadTree() 方法如下所示。

```csharp
//将数据填充到我们准备好的名为"diary"的表中
sdaDiary.Fill(dsDiary, "diary");

//仅一行代码，我们就已经将全部的数据取到了数据表中来了
//下面进行年份的检索，找出所有不重复的年份
DataView dvYear = new DataView(dsDiary.Tables["diary"]);

//在数据视图中，找出不重复的年，将其返回一个一个新表(临时表)
DataTable dtyear = dvYear.ToTable(true, new string[] { "year" });
List<TreeNode> result = new List<TreeNode>();

//遍历每一个年份(排除过重复的了)构造为根节点
foreach (DataRow rowYear in dtyear.Rows)
{
    //年份为临时表的第一列(临时表)只有一列
    int year = (int)rowYear[0];
    TreeNode tn0 = new TreeNode();
    tn0.Name = tn0.Text = year.ToString();
    tn0.ImageIndex = tn0.SelectedImageIndex = 0;
    result.Add(tn0);

    //对于每一个年份，需要去检索数据，找到存在的月份
    //此时我们不需要再次去进行数据库的查询
    //直接从本地变量 dsDiary 中取用即可
    //新建一个数据视图，用年份作为过滤条件(等同于 where)，用月份作为排序
    DataView dvMonth = new DataView(dsDiary.Tables["diary"]);
    dvMonth.RowFilter = "year=" + year;
    dvMonth.Sort = "month";
    //对月份进行重复
    DataTable dtmonth = dvMonth.ToTable(true, new string[] { "month" });

    //遍历每一个月份，构造为二级节点
    foreach (DataRow rowMonth in dtmonth.Rows)
    {
        int month = (int)rowMonth["month"];
        TreeNode tn1 = new TreeNode();
        //依然构造为 yyyyMM 格式的字符串，所以需要进行一下补 0 运算
```

```csharp
            tn1.Name = tn0.Name + (month < 10 ? ("0" + month.ToString()) : month.ToString());
            tn1.Text = month.ToString();
            tn1.ImageIndex = tn1.SelectedImageIndex = 1;
            //将二级节点加到根节点下
            tn0.Nodes.Add(tn1);

            //同样，遍历每一个月份下的日期
            DataView dvDay = new DataView(dsDiary.Tables["diary"]);
            //注意此处的排序语法是 SQL 式的 and 关键字，而非 C#式的&&符
            dvDay.RowFilter = "year=" + year + " and month=" + month;
            dvDay.Sort = "day";

            foreach (DataRowView rowDay in dvDay)
            {
                int day =(int) rowDay["day"];
                TreeNode tn2 = new TreeNode();
                //依然构造为 yyyyMMdd 格式的字符串，所以需要进行一下补 0 运算
                tn2.Name = tn0.Name + (tn1.Text.Length == 1 ? ("0" + tn1.Text) : tn1.Text) +
                    (day < 10 ? ("0" + day.ToString()) : day.ToString());
                tn2.Text = day.ToString();
                tn2.ImageIndex = tn2.SelectedImageIndex = 2;
                tn1.Nodes.Add(tn2);
            }
        }
    }
}
return result;
```

以上短短三十余行代码(不含注释)，运行效果与上一单元用 DataReader 读取数据完全相同，而后者对数据库进行了多次查询：年份查询一次；假设有两个年份，就需要进行两次查询以获取每个年份下面存在的月份；然后再根据月份的数量逐个查询该月的日历数量。这种查询不仅仅会浪费性能，而且其性能消耗也会随着数据的增多而变成几何层级上涨。而现在我们采用了一个 DataSet 作为本地数据的存储空间，一次将全部数据装入内存，然后在内存中进行检索，速度要快许多倍。

在上述代码中，对于 DataSet 及其内部的 DataTable、DataView、DataRow 等对象的使用中，出现了一些类似于 SQL 筛选、排序、去重复的功能，请仔细体会代码中的注释。

除了查询数据作为本地变量使用之外，DataSet 还有另一个强大的功能，就是记录数据的状态。我们可以在 DataSet 数据集中新增、修改、删除一篇日记，然后调用一下适配器的 Update()方法，一次性将变更过的三行数据"分别"进行数据库的 Insert、Update 和 Delete 操作。看起来就像一个完整的行为，而不是三个独立的操作。下面我们继续修改 MDI 日记本程序来讲解如何使用这种功能。

我们回到窗体的 Load 事件中，添加以下代码。

```csharp
//初始化适配器
sdaDiary = new SqlDataAdapter("select * from diary", sqlConn);

//利用适配器生成一个"命令生成器"
```

```csharp
SqlCommandBuilder scbDiary = new SqlCommandBuilder(sdaDiary);

//为适配器加入增、删、改的命令，使其拥有"自动"增删改数据库的功能
sdaDiary.DeleteCommand= scbDiary.GetDeleteCommand();
sdaDiary.InsertCommand = scbDiary.GetInsertCommand();
sdaDiary.UpdateCommand = scbDiary.GetUpdateCommand();
```

加入了这几行设置之后，我们的适配器就拥有了"自动"增删改数据表 Diary 的能力，如果不写这几行，sdaDiary 就只能做 Fill 填充的操作了。

然后我们到 AddDiary 函数中，将新建日记的代码修改如下。

```csharp
private void AddDiary(DateTime date)
{
    DataRow newRow = dsDiary.Tables["diary"].NewRow();
    newRow["year"] = date.Year;
    newRow["month"] = date.Month;
    newRow["day"] = date.Day;
    newRow["diaryText"] = "";
    dsDiary.Tables["diary"].Rows.Add(newRow);
    sdaDiary.Update(dsDiary, "diary");

    //SqlConnection connDiary = new SqlConnection(sqlConn);
    //SqlCommand cmdDiary = new SqlCommand("INSERT INTO [Diary] [Year] ,[month],[Day],[diaryText]) VALUES(" + date.Year + "," + date.Month + "," + date.Day + ",")", connDiary);

    //try
    //{
    //    connDiary.Open();
    //    //注意此处和前两处不同，不再是查询了，所以调用的是 ExecuteNonQuery()方法
    //    cmdDiary.ExecuteNonQuery();
    //}
    //finally
    //{
    //    if (connDiary.State == ConnectionState.Open)
    //    {
    //        connDiary.Close();
    //    }
    //}
}
```

在上述代码中，我们可以将原有代码(注释掉的部分)和新改写的代码比较一下。它们的执行效果是完全一样的，但是在可读性上，新的写法显然更加让人舒服一些。

同样的，我们修改 GetDiaryText()方法和 SaveDiary()方法如下所示。

```csharp
private string GetDiaryText(DateTime date)
{
    //用"过滤"的方式找出想要查找的数据，直接取用其值即可
    DataView dvDiary = new DataView(dsDiary.Tables["diary"]);
```

```csharp
    dvDiary.RowFilter = string.Format("year={0} and month={1} and day={2}",
    date.Year, date.Month, date.Day);
    return (string)dvDiary[0]["diaryText"];

    //SqlConnection connDiary = new SqlConnection(sqlConn);
    //SqlCommand cmdDiary = new SqlCommand("select DiaryText from Diary where [year]=" + date.Year
    + " and [month]=" + date.Month + " and [day]=" + date.Day, connDiary);

    //try
    //{
    //      connDiary.Open();
    //      //注意此处调用的方法不是 ExecuteReader()
    //      string DiaryText = cmdDiary.ExecuteScalar().ToString();
    //      return DiaryText;
    //}
    //finally
    //{
    //      if (connDiary.State == ConnectionState.Open)
    //      {
    //          connDiary.Close();
    //      }
    //}

}
private void SaveDiary(DateTime date, string DiaryText)
{
    DataView dvDiary = new DataView(dsDiary.Tables["diary"]);
    dvDiary.RowFilter = string.Format("year={0} and month={1} and day={2}",
    date.Year, date.Month, date.Day);
    //前两句和查询一模一样，因为我们需要取出文本值进行修改
    dvDiary[0]["diaryText"] = DiaryText;
    sdaDiary.Update(dsDiary, "diary");

    //SqlConnection connDiary = new SqlConnection(sqlConn);
    //SqlCommand cmdDiary = new SqlCommand("update [Diary]   set [diaryText]='" + DiaryText + "'
    where [Year] =" + date.Year + " and [month]=" + date.Month + " and [Day]=" + date.Day, connDiary);

    //try
    //{
    //      connDiary.Open();
    //      //注意此处和前两处不同，不再是查询了，所以调用的是 ExecuteNonQuery()方法
    //      cmdDiary.ExecuteNonQuery();
    //}
    //finally
    //{
    //      if (connDiary.State == ConnectionState.Open)
    //      {
    //          connDiary.Close();
    //      }
    //}
}
```

请注意注释掉的部分就是上一单元中我们编写的代码，其和新的写法相比显得烦琐冗长。

【单元小结】

- 上一单元的 DataReader 对象提供只进、只读和连接式数据访问，并要求使用专用的数据连接。而本单元的 DataSet 对象内表示的数据是数据库的部分或全部的断开式内存副本
- 类型化数据集对象是 DataSet 类派生类的实例，这些类都基于 XML 结构
- DataTable 表示一个数据表，而 DataColumn 表示 DataTable 中列的结构
- DataView 是 DataTable 中存储的数据的表示层
- DataAdapter 对象用来填充数据集和并更新到数据库，这样方便了数据库和数据集之间的交互

【单元自测】

1. (　　)数据集允许使用强类型化的方法、事件和属性。
   A. 类型化　　　　　　　　　　B. 非类型化
   C. 有符号的　　　　　　　　　D. 无符号的
2. (　　)是轻量级的，可以更快、更高效地只读、只进数据。
   A. DataAdapter　　　　　　　　B. Connection
   C. Command　　　　　　　　　D. DataReader
3. 下列说法不正确的是(　　)。
   A. DataSet 中可以创建多个表
   B. DataSet 中可以创建表与表之间的主、外键关系
   C. DataSet 中的数据不能修改
   D. DataSet 中的数据存储在内存中
4. DataAdapter 对象的(　　)方法用于填充数据集。
   A. Close()　　　　　　　　　　B. Read()
   C. Fill()　　　　　　　　　　　D. Open()

【上机实战】

上机目标

- 掌握 DataAdapter 对象的常用属性和方法
- 了解数据绑定显示控件 DataGridView 的基本用法
- 初识三层结构体系

上机练习

◆ 第一阶段 ◆

练习1：第一个程序

【问题描述】

显示本机 SQL Server 2008 中的 pubs 数据库中 titles 表中的所有记录。

【问题分析】

- 本练习主要是为了巩固理论课所讲解的 ADO.NET 连接数据库以及SqlDataAdapter 对象的用法。
- 连接数据库，不必打开或激活，进行断开式连接。
- 创建并实例化 SqlDataAdapter 对象。
- 创建并实例化 DataSet 对象。
- 使用 SqlDataAdapter 对象的 Fill()方法将查询数据填充到记录集中。
- 将记录集中的数据表对象绑定到 DataGridView 控件的 DataSource 属性。

【参考步骤】

(1) 在 Visual Studio 2008 中新建一个名为 DataDemo 的基于 Windows 应用程序的项目。

(2) 将默认窗体重命名为 frmDemo.cs。

(3) 用户界面的设计如图 6-6 所示。

图 6-6

(4) 表 6-12 显示所有控件及其属性。

表 6-12

控 件	名 称	属 性	值
Form	frmDemo	Text	显示 pubs 数据库中的 titles 表中的所有信息
DataGridView	dgvInfo	Text	

(5) 完整代码如下所示。

```csharp
using System;
using System.Collections.Generic;
using System.ComponentModel;
using System.Data;
using System.Drawing;
using System.Text;
using System.Windows.Forms;
//命名空间
using System.Data.SqlClient;
namespace Demo
{
    public partial class frmDemo : Form
    {
        //数据连接
        private System.Data.SqlClient.SqlConnection sqlCon = null;
        //数据获取
        private System.Data.SqlClient.SqlDataAdapter sqlAda = null;
        //数据存储
        private System.Data.DataSet sqlSet = null;
        public frmDemo()
        {
            InitializeComponent();
        }
        private void frmDemo_Load(object sender, EventArgs e)
        {
            //连接字符串
            string strSor = "server=(local)\\sqlexpress; integrated security=True;database=pubs";
            //实例化连接对象
            sqlCon = new SqlConnection(strSor);
            //断开式连接
            string strsql = "select * from titles";
            //实例化适配器对象操作数据
            sqlAda = new SqlDataAdapter(strsql, sqlCon);
            //实例化记录集
            sqlSet = new DataSet();
            //数据填充
            sqlAda.Fill(sqlSet);
            //显示数据控件 dgvInfo
            dgvInfo.DataSource = sqlSet.Tables[0].DefaultView;
        }
    }
}
```

(6) 显示效果如图 6-7 所示。

显示pubs数据库中的titles表中的所有信息

title_id	title	type	pub_id	price	advance	royalty	ytd_sales	notes	pubdate
BU1032	The Busy Exe...	business	1389	19.9900	5000.0000	10	4095	An overview ...	1991-6-12
BU1111	Cooking with...	business	1389	11.9500	5000.0000	10	3876	Helpful hint...	1991-6-9
BU2075	You Can Comb...	business	0736	2.9900	10125.0000	24	18722	The latest m...	1991-6-30
BU7832	Straight Tal...	business	1389	19.9900	5000.0000	10	4095	Annotated an...	1991-6-22
MC2222	Silicon Vall...	mod_cook	0877	19.9900	0.0000	12	2032	Favorite rec...	1991-6-9
MC3021	The Gourmet ...	mod_cook	0877	2.9900	15000.0000	24	22246	Traditional ...	1991-6-18
MC3026	The Psycholo...	UNDECIDED	0877						2000-8-6 1:33
PC1035	But Is It Us...	popular_comp	1389	22.9500	7000.0000	16	8780	A survey of ...	1991-6-30
PC8888	Secrets of S...	popular_comp	1389	20.0000	8000.0000	10	4095	Muckraking r...	1994-6-12
PC9999	Net Etiquette	popular_comp	1389					A must-read ...	2000-8-6 1:33
PS1372	Computer Pho...	psychology	0877	21.5900	7000.0000	10	375	A must for t...	1991-10-21
PS2091	Is Anger the...	psychology	0736	10.9500	2275.0000	12	2045	Carefully re...	1991-6-15
PS2106	Life Without...	psychology	0736	7.0000	6000.0000	10	111	New exercise...	1991-10-5
PS3333	Prolonged Da...	psychology	0736	19.9900	2000.0000	10	4072	What happens...	1991-6-12
PS7777	Emotional Se...	psychology	0736	7.9900	4000.0000	10	3336	Protecting y...	1991-6-12
TC3218	Onions, Leek...	trad_cook	0877	20.9500	7000.0000	10	375	Profusely il...	1991-10-21
TC4203	Fifty Years ...	trad_cook	0877	11.9500	4000.0000	14	15096	More anecdot...	1991-6-12
TC7777	Sushi, Anyone?	trad_cook	0877	14.9900	8000.0000	10	4095	Detailed ins...	1991-6-12

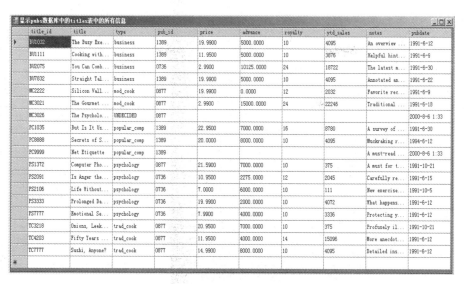

图 6-7

◆ 第二阶段 ◆

练习 2：第二个程序

【问题描述】

使用 DataReader 对象实现 Students 数据库中 StuInfo 表中所有信息的遍历。

【问题分析】

可以将所有的学生信息一次性加载到一个 DataTable 中，然后可以取出任意一条信息进行显示。

【参考步骤】

(1) 在 Visual Studio 2008 中新建一个名为 InfoDemo 的基于 Windows 应用程序的项目。

(2) 将默认窗体重命名为 frmInfo.cs。

(3) 用户界面的设计如图 6-8 所示。

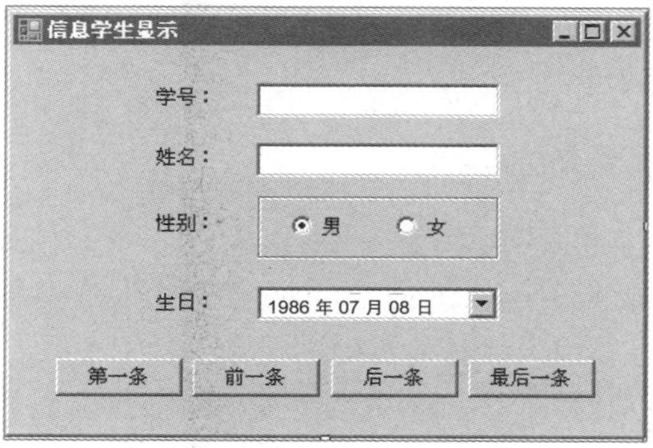

图 6-8

(4) 表 6-13 显示所有控件及其属性。

表 6-13

控件	名称	属性	值
Form	frmStuInfo	Text	信息学生显示
Button	btnFirst	Text	第一条
	btnForward	Text	前一条
	btnNext	Text	后一条
	btnLast	Text	最后一条
Label	lblID	Text	学号
	lblName	Text	姓名
	lblSex	Text	性别
	lblBirth	Text	生日
GroupBox	grpSex	Text	
RadioButton	radMale	Text	男
		Checked	True
	radFeMale	Text	女
TextBox	txtID	Text	
	txtName	Text	
DataTimePicker	dtpBirth	Value	1986-07-08
		Format	Custom
		CustomFormat	yyyy 年 MM 月 dd 日

(5) 完整代码如下所示。

```
using System;
using System.Collections.Generic;
using System.ComponentModel;
using System.Data;
using System.Linq;
using System.Text;
using System.Windows.Forms;
using System.Data.SqlClient;

namespace InfoDemo
{
    public partial class frmStuInfo : Form
    {
        //当前显示记录的索引
        private int current = 0;
```

```csharp
//存放所有学生信息的 DataTable
private DataTable dtStu = new DataTable();

public frmStuInfo()
{
    InitializeComponent();
}

private void frmStuInfo_Load(object sender, EventArgs e)
{
    string strCon = "server=.;integrated security=true;database=Students";
    SqlDataAdapter sda = new SqlDataAdapter("select * from stuinfo", strCon);
    sda.Fill(dtStu);
    ShowInfo();
}

//显示当前记录的学生信息
private void ShowInfo()
{
    this.txtID.Text = dtStu.Rows[current][0].ToString();
    this.txtName.Text = dtStu.Rows[current][1].ToString();
    if ((bool)dtStu.Rows[current][2])
        this.radMale.Checked = true;
    else
        this.radFeMale.Checked = true;
    this.dtpBirth.Value = (DateTime)dtStu.Rows[current][3];
}

private void btnFirst_Click(object sender, EventArgs e)
{
    this.current = 0;
    ShowInfo();
}

private void btnForward_Click(object sender, EventArgs e)
{
    if (this.current > 0)
        this.current--;
    ShowInfo();
}

private void btnNext_Click(object sender, EventArgs e)
{
    if (this.current < dtStu.Rows.Count - 1)
        this.current++;
    ShowInfo();
}
```

```csharp
            private void btnLast_Click(object sender, EventArgs e)
            {
                this.current = dtStu.Rows.Count - 1;
                ShowInfo();
            }
        }
}
```

(6) 显示效果，如图 6-9 所示。

图 6-9

【拓展作业】

修改第二阶段的练习题，实现添加、修改和删除学生信息功能，参考界面如图 6-10 所示。

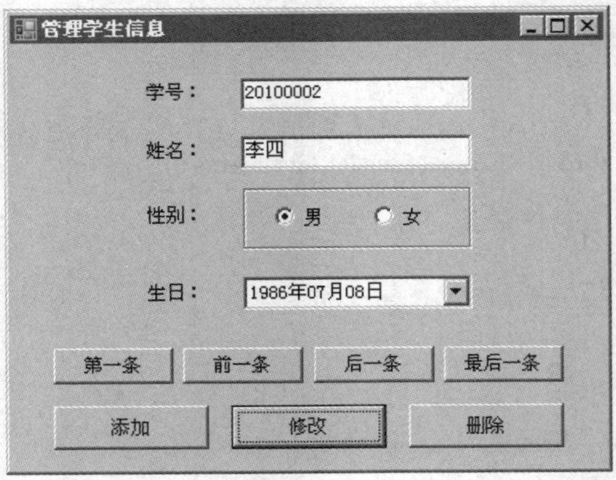

图 6-10

单元七 DataGridView 控件

 课程目标

- ▶ 掌握 DataGridView 常用属性和方法
- ▶ 掌握 DataGridView 数据绑定的方法
- ▶ 掌握 DataGridView 操作数据的方法
- ▶ 掌握 DataGridView 界面制定的方法

简介

前面学过 TextBox、ListBox、RadioButton 和 ComboBox 等几个可视控件用于在窗体上显示数据，但是这些控件只能显示少量数据。现实中经常会遇到显示多行数据的情况，比如类似 Excel 一样显示多行数据。使用前面所学的控件解决这样的问题比较困难，所以针对这一问题专门推出一个非常重要且功能强大的数据显示控件——DataGridView。该控件的基本用法我们已经在上一单元的上机部分接触过了，它的使用方法并不复杂，我们将在本单元对其进行深入的学习。

7.1 DataGridView 控件概述

7.1.1 DataGridView 控件的概念

在数据库编程中使用数据绑定控件时，DataGridView 控件是 Visual Studio .NET 2008 中提供的最通用、功能最强和最灵活的控件。DataGridView 控件以表的形式显示数据，并可根据需要支持数据编辑的功能，如添加、修改、删除、排序、分页等。它几乎是应用程序访问数据库的最常用的控件。DataGridView 中的每一个列，都与数据源的一个字段绑定。字段属性名称显示为列标题，数据值在相应的列下面显示为文本。

在 Visual Studio .NET 2008 中，显示在"工具箱"窗体中的 DataGridView 控件，如图 7-1 所示。

DataGridView 控件如其他控件一样，拖放或者双击该控件即可在窗体中添加并使用，将 DataGridView 控件加载到窗体上，控件显示如图 7-2 所示。

图 7-1

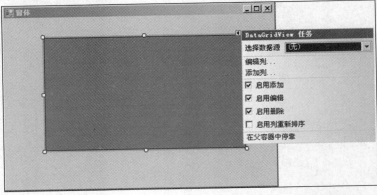

图 7-2

7.1.2 数据源(DataSource)

DataGridView 显示数据的方式非常灵活。该控件的 DataSource 属性可以设置下述任何一个数据源。

- 数组。
- DataTable 和 DataSet(需要设置 DataMember 属性为 DataTable 的表名)。
- DataViewManager。
- DataView。
- 集合类对象。
- 派生或实现 IList 或 IListSource 接口的组件。

下面对前四种数据源绑定进行说明。

1. 数组

看起来非常简单，创建一个数组，填充一些数据，再在 DataGridView 控件上设置 DataSource 属性，代码如下。

```
string[] strs = new string[] {"One","Two","Three"};
dgvInfo.DataSource = strs;
```

执行后产生的效果如图 7-3 所示。

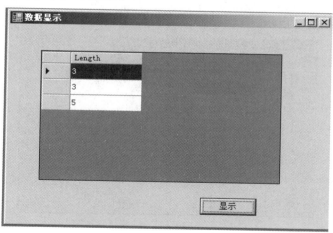

图 7-3

可以看出，网格显示出了数组中定义的字符串的长度属性的值而不是这些字符串的值。原因是在把数组用作 DataGridView 控件的数据源时，网格会查找数组中对象的公共属性，并显示这个值，而不会显示字符串。字符串的第一个(也是唯一的)公共属性是其长度，所以就显示这个长度值。使用 TypeDescription 类的 GetProperties()方法可以获得任意类的属性列表，该方法返回的是一个 PropertyDescription 对象集合，接着，就可以在显示数据时使用它。.NET 的 PropertyGrid 控件在显示任意对象的一种解决方法是创建一个包装器类，代码如下所示。

```
class Item
{
    private string _text;

    public Item(string text)
    {
        _text = text;
    }

    public string Text
    {
        get
        {
            return _text;
        }
    }
}
```

在数据源数组代码中添加这个 Item 类的数组，代码如下。

```
Item[] strs = new Item[] { new Item("One"), new Item("Two"), new Item("Three") };
dgvInfo.DataSource = strs;
```

执行后效果如图 7-4 所示。

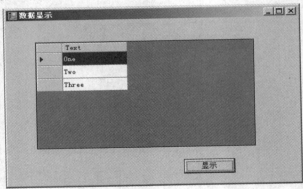

图 7-4

2. DataTable 和 DataSet

在 DataGridView 控件中显示 DataTable 有如下两种方式。
- 如果已知 DataTable 对象的对象名，就把对象名的 DataSource 属性设置为这个表。
- 如果在 DataSet 中包含 DataTable，就把控件的 DataSource 属性设置为 DataSet 的名字，DataMember 属性设置为 DataSet 中的 DataTable 名或者索引号。

下面的代码显示的是如何绑定 DataTabale 到 DataGridView 控件的两种情况。

```
SqlDataAdapter sdaProducts = new SqlDataAdapter("select * from Products",
    "Data Source=.;Initial Catalog=Northwind;Integrated Security=True");
DataSet dsProduct = new DataSet();
DataTable dtProduct = new DataTable("p");
dsProduct.Tables.Add(dtProduct);
sdaProducts.Fill(dtProduct);

//此时，存放有数据的 DataTable 有自己的名字"p"(变量名 dtProduct)，同时它又是 dsProduct 中的第一个表，所以以下三句代码是完全等效的
//1:直接表名使用
dataGridView1.DataSource = dtProduct;
//2:使用 dataset 中的表名
dataGridView1.DataSource = dsProduct.Tables["p"];
//3:使用 dataset 中的表名
dataGridView1.DataSource = dsProduct.Tables[0];
```

以上代码中的最后三行语句，执行的效果是完全相同的，我们一般可以根据实际情况选择用哪一种方式去执行，运行效果如图 7-5 所示。比较有意思的是最后一列 Discontinued，在数据库中是一个 bit 型，对应为 C#的 bool 型，DataGridView 控件会自动识别，并显示为一个复选框形式。其他一些数据类型，大家可以自行试验一下DataGridView 控件的强大之处。

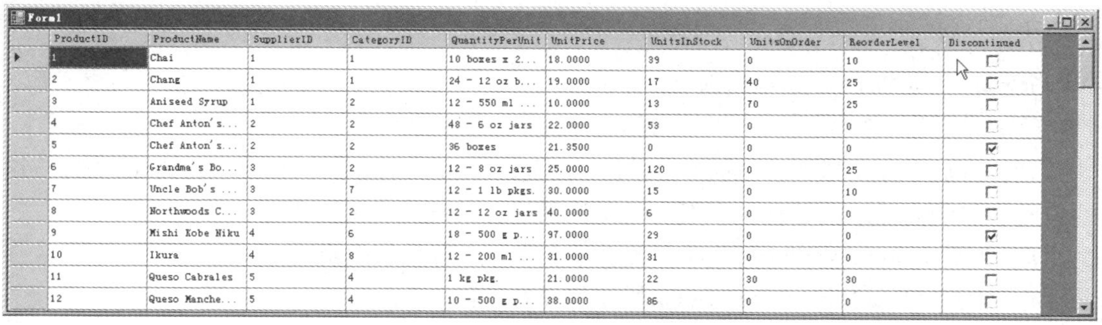
Form1

ProductID	ProductName	SupplierID	CategoryID	QuantityPerUnit	UnitPrice	UnitsInStock	UnitsOnOrder	ReorderLevel	Discontinued
1	Chai	1	1	10 boxes x 2...	18.0000	39	0	10	☐
2	Chang	1	1	24 - 12 oz b...	19.0000	17	40	25	☐
3	Aniseed Syrup	1	2	12 - 550 ml ...	10.0000	13	70	25	☐
4	Chef Anton's...	2	2	48 - 6 oz jars	22.0000	53	0	0	☐
5	Chef Anton's...	2	2	36 boxes	21.3500	0	0	0	☑
6	Grandma's Bo...	3	2	12 - 8 oz jars	25.0000	120	0	25	☐
7	Uncle Bob's ...	3	7	12 - 1 lb pkgs.	30.0000	15	0	10	☐
8	Northwoods C...	3	2	12 - 12 oz jars	40.0000	6	0	0	☐
9	Mishi Kobe Niku	4	6	18 - 500 g p...	97.0000	29	0	0	☑
10	Ikura	4	8	12 - 200 ml ...	31.0000	31	0	0	☐
11	Queso Cabrales	5	4	1 kg pkg.	21.0000	22	30	30	☐
12	Queso Manche...	5	4	10 - 500 g p...	38.0000	86	0	0	☐

图 7-5

在运行上面的程序代码时，大家可以发现，显示的数据可以直接双击单元格进行修改，但在修改了 DataGridView 中的字段时，数据库中的数据不会改变，因为此时数据仅存储在内存中，并没有与数据库进行活动连接，只需要在合适的时候在事件响应函数中运行一下“sdaProducts.Update(dsProduct);”即可将变化过的数据自动更新、修改和删除到数据库中(这一点在上一单元提到过，同上一单元示例，前提是 sdaProducts 的 InsertCommand、Update Command 和 DeleteCommand 已经被正确设置过)。

3. DataViewManager

DataViewManager中显示的数据与DataSet中显示的数据相同，但在为DataSet创建

DataViewManager时，会为每个DataTable创建一个单独的DataView，根据过滤条件或者行的状态改变显示出来的记录。即使代码不需要过滤数据，也可以把DataSet包装到DataViewManager中进行显示，这样在修改源代码时可以使用更多的选项。

下面示例中通过 DataSet 创建一个 DataViewManager，然后指定 DataView 并过滤记录且最后显示。

```
DataViewManager dvm = new DataViewManager(stuDataSet);
dvm.DataViewSettings["StuInfo"].RowFilter = "StuSex=false";
dgvRelation.DataSource = dvm.CreateDataView(stuDataTable);
```

4. DataView

在上一单元我们接触过了DataView，它提供了一种过滤和排序DataTable数据中的一种方式。在从数据库中选择数据时，用户一般可以单击列标题，对数据排序。此外，还可以只过滤要显示在某些行中的数据，例如，用户修改过的所有数据。DataView允许限制要显示给用户的数据行，但不允许限制DataTable中的数据列。

 注意

DataView 不允许修改显示的数据列，只允许修改显示的数据行。

根据现有的 DataTable 对象(dataTable)或 DataSet 对象(dataSet)创建 DataView 的代码如下所示。

```
DataView dv = new DataView(dataTable);
DataView dvDemo = dataSet.Tables[0].DefaultView;
```

创建好后，就可以改变 DataView 上的设置，当该视图显示在 DataGridView 中时，这些设置会影响要显示的数据，以及对这些数据进行的操作，如下所示。

- 设置 AllowEdit=false 表示在数据行上禁用所有列的编辑功能。
- 设置 AllowNew=false 表示禁用添加新行功能。
- 设置 AllowDelete=false 表示禁用删除行功能。
- 设置 RowStateFilter 只显示指定状态的行。
- 设置 RowFilter 可以过滤数据行。
- 设置 Sort 按照给定的列排序。

1) 通过数据过滤数据行

创建好 DataView 后，就可以通过设置 RowFilter 属性，来改变视图中的数据。这个属性是一个字符串，可用做按照给定条件过滤数据的一种方式，该字符串就是过滤条件。其语法类似于一般 SQL 中的 where 子句，但主要是对已经从数据库中选择出来的数据进行操作。

过滤子句的示例如表 7-1 所示。

表 7-1

子 句	说 明
Price>50	只显示 Price 列大于 50 的行
Name='Tom'	只返回 Name 列为'Tom'的记录
City like 'C*'	模糊匹配,返回 City 列以字母'C'开头的所有记录

2) 根据状态过滤数据行

DataView 中的每一行都有一个定义好的行状态,它们的值如表 7-2 所示,这些状态也可以用于过滤用户查看的行。

表 7-2

状 态	说 明
Added	列出新创建的所有行
CurrentRows	列出除了被删除的行以外的其他行
Deleted	列出最初被选中,且已经删除的行(不显示已经删除的新建行)
ModifiedCurrent	列出所有已被修改的行,并显示这些行的当前值
ModifiedOriginal	列出所有已被修改的行,但显示这些行的初值,而不是当前值
OriginalRows	列出最初从数据源中选中的所有行,不包括新行,显示列的初值(如果进行了修改,不显示当前值)
Unchanged	列出没有修改的行

以上枚举属性对数据更新非常有用。Update()方法"自动"将数据分类进行 Insert、Update 和 Delete 操作时正是利用这些枚举作为分类条件的。

3) 对数据行进行排序

除了过滤数据外,有时还需要对 DataView 中的数据进行排序。可以在 DataGridView 控件中单击列标题,就会按照升序或降序对整个信息排序。

在对数据列进行排序时,可以单击列的标题,也可以通过代码排序,DataGridView 会显示一个箭头位图,表示对哪一列进行排序。要编程设置列的排列顺序,可以使用 DataView 的 Sort 属性。唯一的问题是前者只能对一列进行排序,而后者可以对多个列进行排序。设置 DataView 中的多行排序的代码如下所示。

```
dataView.Sort = "ProductName";
dataView.Sort = "Product ASC,UnitPrice DESC";
```

7.1.3 在 DataGridView 中添加、修改和删除信息

最终用户修改 DataGridView 中的数据后,DataGridView 会自动更新数据源(可能是 DataTable 或者其他类型)中的记录。数据绑定结构将数据绑定控件中的值写到其绑定的数据行中,更改过的记录也将发送到原数据库进行更新。

在上一单元的综合示例中，我们见到过数据适配器 DataAdapter 对象的 Update()方法的使用，它可以自动检查由数据集指定的 DataTable 中的每一个记录是否更新，最后调用相应的 Insert、Update 和 Delete 命令来执行数据库操作。InsertCommand、UpdateCommand 和 DeleteCommand 都是 DataAdapter 的属性，用于对数据源进行修改。下面我们具体讲解一下关于 InsertCommand、UpdateCommand 和 DeleteCommand 属性以及参数的使用知识。

在实际编程时，由于要对源代码进行封装，有些值不好确定，所以采用参数方式确定 Command 的 CommandText 属性的值，定义参数可以通过 Parameters 集合定义，之后将有关修改后的行的相关信息传递给 Command 对象。对于 SQL Server 2008 数据库，SqlParameter 类表示对 SqlCommand 的参数进行定义。由 SqlDataAdapter 维护的 Parameters 集合用于将参数替换为值，创建一个变量标识符。创建参数时，要指定参数的名称、类型和大小。

以下代码演示如何为 SQL 操作声明参数。

```
SqlParameter sqlParameter;
sqlParameter = sqlDataAdapter.InsertCommand.Parameters.Add("@StuID", SqlDbType.Int);
sqlParameter.SourceColumn = "StuID";
sqlParameter.SourceVersion = DataRowVersion.Current;
```

以上代码中，Parameters 集合的 Add()方法创建@StuID 变量标识符，其数据类型为 SqlDbType 中的 int。

而后，将 sqlParameter 的 SourceColumn 属性设置为数据集中数据表的原始列。注意，这是 DataTable 中检索值 DataRow 的 DataColumn 名称。接着指定 sqlParameter 的 SourceVersion 属性，SourceVersion 指定 DataAdapter 操作 DataRow 的状态值。由以上代码可知，该状态值为 Current(当前)，从而使参数使用修改后的当前值进行更新。

如果在修改后的 DataRow 中更改了一个或多个标识列的值，将 SourceVersion 属性设置为 Original(原始)，则可确保获取原来的值。

1. 添加新的记录

添加新的记录，可以使用插入语句将参数指定为要插入的值，通过传递 T-SQL 语句和 Connection 对象来初始化 SqlDataAdapter 的 InsertCommand。接着使用 InsertCommand 中 Parameters 集合的 Add()方法来初始化 SQL 语句中使用的参数。将 SqlParameter 的 SourceColumn 属性指定为 DataColumn，并将 SourceVersion 属性设置为 Current(当前)，指定使用修改后的当前值。最后，调用 SqlDataAdapter 的 Update()方法将记录插入到数据库中。

以下代码演示如何使用 DataGridView 将新的记录添加到 NorthWind 数据库中的雇员基本信息表中。

```
//拼接带参数的 T-SQL 语句
string strsql = "INSERT INTO [Employees]([LastName],[FirstName])
VALUES(@LastName,@FirstName)";
sqlAda.InsertCommand = new SqlCommand(strsql, sqlCon);
//注册每个参数
//参数的名称和类型
sqlPar = sqlAda.InsertCommand.Parameters.Add("@LastName", SqlDbType.VarChar);
//参数映射的数据表的列
```

```
sqlPar.SourceColumn = "LastName";
//参数的取值数据行状态
sqlPar.SourceVersion = DataRowVersion.Current;
sqlPar = sqlAda.InsertCommand.Parameters.Add("@FirstName", SqlDbType.Bit);
sqlPar.SourceColumn = "FirstName";
sqlPar.SourceVersion = DataRowVersion.Current;

//执行更新操作
sqlAda.Update(sqlDS);
```

 注意

在这里希望用户注意，SourceVersion 的设置有 Current 和 Original 两种，其中 Original 表示当前操作行的原始值，Current 表示当前操作行的当前值，默认是 Current，在后续的修改和删除中尤其需要注意这一点。

2. 更新已修改的记录

要更新已修改的记录，需使用更新语句执行参数，这些参数中应既包含要更新的值，也包含用于标识要更新的行的唯一标识符。唯一标识符通常是主字段的值。通过传递 T-SQL 语句和 Connection 对象来初始化 SqlDataAdapter 的 UpdateCommand。接着使用 UpdateCommand 中 Parameters 集合的 Add()方法来初始化 SQL 语句中使用的参数。将要更新的 DataColumn 指定给 SqlParameter 的 SourceColumn 属性。将 SourceVersion 属性设置为 Original(原始)，因为它是主键字段，而且将用于标识要更新的原始行。将其他参数的 SourceVersion 属性设置为 Current(当前)，指定使用修改后的当前值。最后，调用 SqlDataAdapter 的 Update()方法将已修改的记录更新到数据库中。

编写代码和上一节的 InsertCommand 几乎一模一样，唯一的不同就是 InsertCommand 变成了 UpdateCommand，以及 SQL 语句由 Insert 变成了 Update 语句而已。

3. 删除现有行

要删除现有记录，需使用删除语句指定用于标识要删除的行的唯一标识符(主键字段)。通过传递 T-SQL 语句和 Connection 对象来初始化 SqlDataAdapter 的 DeleteCommand。接着使用 DeleteCommand 中 Parameters 集合的 Add()方法来初始化 SQL 语句中使用的参数。将 SqlParameter 的 SourceColumn 属性指定为 DataColumn，将参数 SourceVersion 属性设置为 Original(原始)，因为它是主键字段，而且将用于标识要删除的原始行。接着使用 DataGridView 的 CurrentRow 属性的 Index 属性确定选定的当前行的索引，并将其作为索引传递给该表的 Rows 集合，并调用数据表 DataTable 的 Delete()方法将数据表中的数据行删除。最后，调用 SqlDataAdapter 的 Update()方法，删除数据库中表的记录，代码同上。

 注意

如果不调用数据表 DataTable 的 Delete()方法将数据表中的当前行删除，而直接调用 DataAdapter 的 Update()方法，数据库中表的记录是不会删除的，因为其映射的数据表 DataTable 中的信息没有变化。

4．应用程序示例

在 DataGridView 中显示、添加、修改和删除 NorthWind 数据库中产品表的数据。

在 Visual Studio 2008 中新建一个名为 Demo 的基于 Windows 应用程序的项目。

为了使程序运行效果比较单纯，我们先去 SQL 数据库中删除产品表的外键关系，或者新建一个和原有产品表一模一样的新产品表作为以下程序连接使用的数据，具体步骤如下。

(1) 将默认窗体重命名为 frmCustomers.cs。

(2) 用户界面的设计如图 7-6 所示。

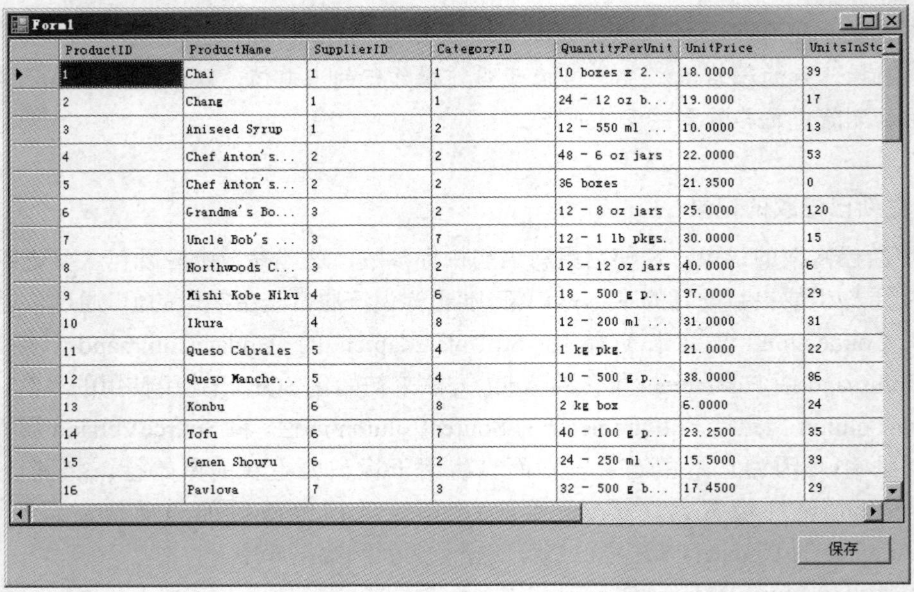

ProductID	ProductName	SupplierID	CategoryID	QuantityPerUnit	UnitPrice	UnitsInStc
1	Chai	1	1	10 boxes x 2...	18.0000	39
2	Chang	1	1	24 - 12 oz b...	19.0000	17
3	Aniseed Syrup	1	2	12 - 550 ml ...	10.0000	13
4	Chef Anton's...	2	2	48 - 6 oz jars	22.0000	53
5	Chef Anton's...	2	2	36 boxes	21.3500	0
6	Grandma's Bo...	3	2	12 - 8 oz jars	25.0000	120
7	Uncle Bob's ...	3	7	12 - 1 lb pkgs.	30.0000	15
8	Northwoods C...	3	2	12 - 12 oz jars	40.0000	6
9	Mishi Kobe Niku	4	6	18 - 500 g p...	97.0000	29
10	Ikura	4	8	12 - 200 ml ...	31.0000	31
11	Queso Cabrales	5	4	1 kg pkg.	21.0000	22
12	Queso Manche...	5	4	10 - 500 g p...	38.0000	86
13	Konbu	6	8	2 kg box	6.0000	24
14	Tofu	6	7	40 - 100 g p...	23.2500	35
15	Genen Shouyu	6	2	24 - 250 ml ...	15.5000	39
16	Pavlova	7	3	32 - 500 g b...	17.4500	29

图 7-6

(3) 引入命名空间的代码如下所示。

```
using System.Data;
using System.Data.SqlClient;
```

(4) 在类声明部分声明下列变量。

```
SqlDataAdapter sdaProducts;
DataSet dsProduct;
```

(5) 在窗体 Load 事件中添加以下代码。

```
sdaProducts = new SqlDataAdapter("select * from Products",
    "Data Source=.;Initial Catalog=Northwind;Integrated Security=True");
dsProduct = new DataSet();
sdaProducts.Fill(dsProduct);
dataGridView1.DataSource = dsProduct.Tables[0];
```

单元七　DataGridView控件

```
SqlCommandBuilder scb = new SqlCommandBuilder(sdaProducts);

//此处生成的Command命令及参数等效于上一节中冗长的属性赋值，可以大大简化代码强度，提高可
读性
sdaProducts.InsertCommand = scb.GetInsertCommand();
sdaProducts.UpdateCommand = scb.GetUpdateCommand();
sdaProducts.DeleteCommand = scb.GetDeleteCommand();
```

（6）在 BtnSave 的单击事件中加入以下代码。

```
sdaProducts.Update(dsProduct);
```

（7）运行程序，可以见到如图 7-6 所示的效果。这时我们拖曳滚动条到 DataGideView 最底端，可看见一个含有*号的空行，如图 7-7 所示。在其中填入合乎数据约束的产品信息，它将自动成为表格的一部分，如图 7-8 所示。新增的数据"豆腐"由于没有被插入数据库，所以此时并没有 ID 号。然后试着修改和删除几行数据之后，单击"保存"按钮。可以看到，所有的更改(包括增、删、改)都在数据中生效了，甚至连"豆腐"也被自动生成了一个 ID78 号显示在界面上。

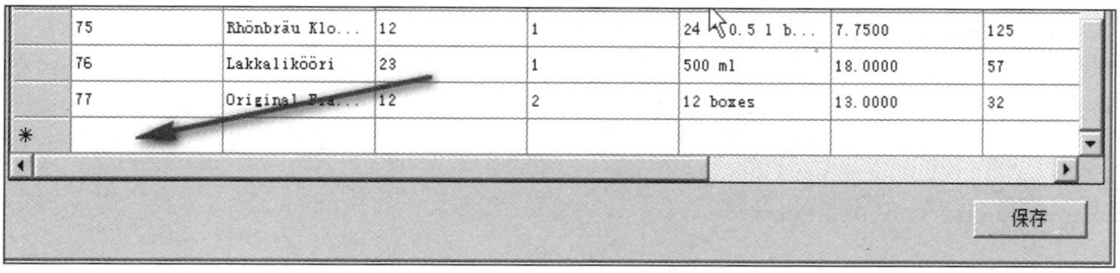

图 7-7

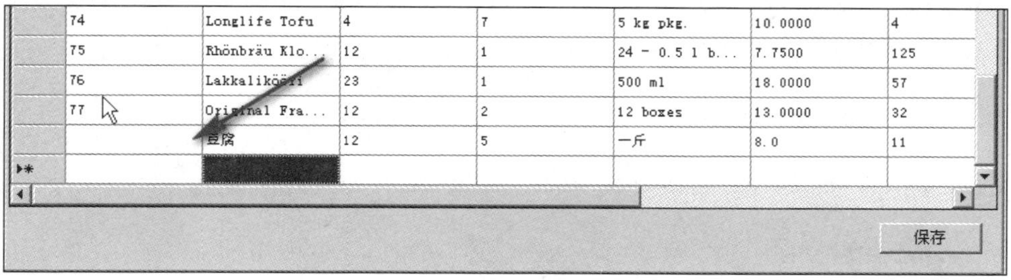

图 7-8

7.2　DataGridView 界面自定义

DataGridView 的每个单元格可以设置不同的空间类型，如 TextBox、ComboBox 或者 CheckBox 等。在实际开发过程中，经常会遇到制定 DataGridView 界面的情况。例如，在性别录入列，用户不希望录入每一条信息都要输入"男"或"女"，而是希望通过下拉列表或多选按钮来实现，这就需要制定 DataGridView 界面。

首先我们来了解一下 DataGridView 界面制定部分类层次的结构，如图 7-9 所示。

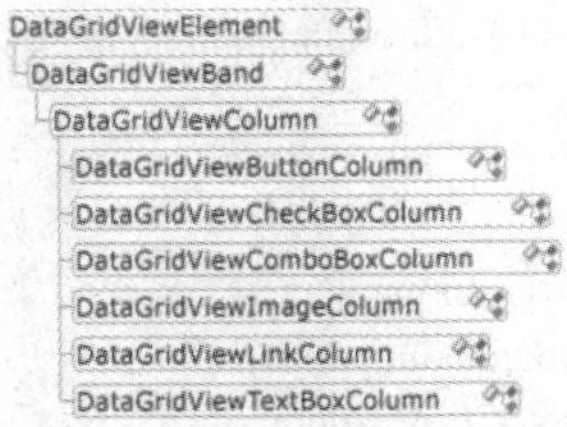

```
          DataGridViewElement
            DataGridViewBand
              DataGridViewColumn
                DataGridViewButtonColumn
                DataGridViewCheckBoxColumn
                DataGridViewComboBoxColumn
                DataGridViewImageColumn
                DataGridViewLinkColumn
                DataGridViewTextBoxColumn
```

图 7-9

DataGridView 控件在显示数据时利用了派生自 DataGridViewColumn 的对象，如图 7-9 所示。在为 DataGridView 指定数据源时，默认要自动构建列。这些列是根据数据源中的数据类型创建的，所以布尔字段直接映射为 DataGridViewCheckBoxColumn。如果要自己完成列的创建，就可以把 AutoGenerateColumns 属性设置为 false，自己构建列。

下面的代码演示了如何构建列，并包含一个图像和一个下拉列表。

```csharp
using System.Collections.Generic;
using System.ComponentModel;
using System.Drawing;
using System.Text;
using System.Windows.Forms;
using System.Data;
using System.Data.SqlClient;
namespace Demo
{
    public partial class frmInfo : Form
    {
        SqlConnection sqlCon = null;
        SqlDataAdapter sqlAda = null;
        DataSet sqlDS = null;
        public frmInfo()
        {
            InitializeComponent();
        }
        private void frmCouInfo_Load(object sender, EventArgs e)
        {
            //连接字符串
            string strSor = "server=(local)\\sqlexpress; integrated security=true;database=northwind";
            sqlCon = new SqlConnection(strSor);
            //获取数据库中的信息
            string strsql = "select FirstName,LastName,Photo,City from Employees";
            sqlAda = new SqlDataAdapter(strsql, sqlCon);
            sqlDS = new DataSet();
            //数据填充
            sqlAda.Fill(sqlDS);
            //数据列界面制定
            SetupColumns(sqlDS);
            //DataGridView 显示列属性设置
            dgvInfo.AutoGenerateColumns = false;//自己完成创建
            dgvInfo.RowTemplate.Height = 100;//设置列高
```

```csharp
        //数据绑定
        dgvInfo.DataSource = sqlDS.Tables[0];
    }
    private void SetupColumns(DataSet sqlDS)
    {
        //文本框列
        DataGridViewTextBoxColumn lname = new DataGridViewTextBoxColumn();
        lname.DataPropertyName = "LastName";
        lname.HeaderText = "姓氏";
        lname.Frozen = true;
        dgvInfo.Columns.Add(lname);
        DataGridViewTextBoxColumn fname = new DataGridViewTextBoxColumn();
        fname.DataPropertyName = "FirstName";
        fname.HeaderText = "名字";
        fname.Frozen = true;
        dgvInfo.Columns.Add(fname);
        //图片框列
        DataGridViewImageColumn photo = new DataGridViewImageColumn();
        photo.DataPropertyName = "Photo";
        photo.Width = 100;
        photo.HeaderText = "相片";
        photo.ReadOnly = true;
        dgvInfo.Columns.Add(photo);
        //下拉列表列
        DataGridViewComboBoxColumn city = new DataGridViewComboBoxColumn();
        city.DataPropertyName = "City";
        city.HeaderText = "城市";
        city.DataSource = sqlDS.Tables[0];//数据源绑定
        city.DisplayMember = "city";//指定显示数据的列
        dgvInfo.Columns.Add(city);
    }
}
```

显示效果如图 7-10 所示。

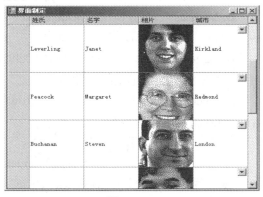

图 7-10

表 7-3 中显示了 DataGridView 控件中 Column 对象的部分属性。

表 7-3

属性	说明
DataPropertyName	所映射数据表中的列
HeaderText	界面显示的列名
Frozen	列信息是否被冻结
Width	列宽
ReadOnly	列信息是否可读
DataSource	下拉列表列所绑定的数据源
DisplayMember	下拉列表列所映射显示数据表中的列和值
ValueMember	下拉列表中映射的信息所对应的键

【单元小结】

- 在数据库编程中使用数据绑定控件时，DataGridView 控件是 Visual Studio .NET 中提供的最通用、最强大和最灵活的控件
- DataGridView 控件以二维表的形式显示数据，并根据需要支持数据编辑功能，如插入、更新、删除、排序和分页
- 使用 DataSource 属性为 DataGridView 控件设置一个有效的数据源
- 调用 Update() 方法来执行相应的插入、更新和删除操作时，将执行 DataAdapter 的 InsertCommand、UpdateCommand 和 DeleteCommand 属性
- 定制 DataGridView 界面

【单元自测】

1. DataGridView 中的每个字段都与(　　)的一个列绑定。
   A. DataSource　　B. Database　　C. DataField　　D. DataTable
2. 修改 DataGridView 中的 CurrentCell 属性时，将发生(　　)事件。
   A. CurrentCell　　B. CellChanged　　C. CurrentCellChanged　　D. Click
3. DataGridView 的(　　)属性用于确定选定的当前行。
   A. CurrentCell　　B. CellChanged　　C. CurrentRow　　D. Delete
4. Parameters 集合的(　　)方法用于声明参数。
   A. Add()　　　　　　　　　　　　　　B. Delete()
   C. ToString()　　　　　　　　　　　　D. AddParameter()
5. Parameters 类的(　　)属性用于指定数据集中的原始 DataColumn。
   A. SourceVersion　　B. SourceColumn　　C. Size　　D. Add

【上机实战】

上机目标

- 掌握定制 DataGridView 控件的列的设置方法
- 掌握获取 DataGridView 控件当前选中行的数据的方法
- 掌握 DataGridView 控件中修改数据并更新数据库的方法

上机练习

◆ 第一阶段 ◆

练习 1：修改 MDI 日记本，为日记加入与电子邮件附件类似的"附件"管理功能

【问题描述】

在之前编写的 MDI 日记本中，加入附件功能需要在数据库中加入一个附件表，并用对话窗形式提供附件的显示、添加、删除和改名功能。

【问题分析】

- 数据库添加附件表，需要有 ID、名称、所属日记以及文件的二进制流字段，并作为日记表的外键表。
- 在窗体设计器上添加 DataGridView 控件，并为 DataGridView 控件添加列，设置列的列标题、绑定数据表的列名称等 (不能默认绑定，否则文件二进制数据也会显示在界面上，这显然是不应该的)。
- 创建并实例化 SqlDataAdapter 对象，使用 SqlDataAdapter 对象的 Fill() 方法将查询数据填充到数据集中。
- 设置 DataGridView 控件的数据源为数据集对象，使用 DataGridView 控件的 DataSource 属性。

【参考步骤】

(1) 在 Visual Studio 2008 中打开日记本项目。
(2) 添加新窗体，重命名为 frmAtt.cs。
(3) 用户界面的设计如图 7-11 所示。

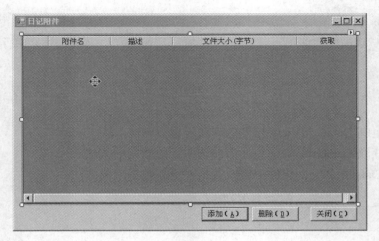

图 7-11

(4) 数据库表脚本如表 7-4 所示。

表 7-4

列 名	数据类型	含 义	是否主键
Attid	int	主键	是(标识列，自动增长)
DiaryId	int	属于哪天的日记	
FileName	nvarchar(500)	原始文件名	
Discription	nvarchar(500)	文件描述	
FileSize	int	文件大小	
AttBin	image	文件的二进制流	

(5) 为 DataGridView 控件添加 4 个列，并为每个列设置绑定列、宽度、是否只读等属性，如图 7-12 所示。

图 7-12

(6) 修改 frmAtt 窗体的构造函数, 需要传入一个 DateTime 型参数。这代表着打开的日记附件必须属于一个指定的日期, 代码如下所示。

```csharp
SqlDataAdapter sdaAtt;

public frmAtt(DateTime diaryDate)
{
    InitializeComponent();

    //保留所属日记的 ID 以便后面和其他位置使用
    SqlConnection conAtt = new SqlConnection("Data Source=.;
Initial Catalog=Diary;Integrated Security=True");
    SqlCommand cmdAtt = new SqlCommand("select id from Diary where [year]=@y
      and [month]=@m and [day]=@d", conAtt);

    cmdAtt.Parameters.AddWithValue("@y", diaryDate.Year);
    cmdAtt.Parameters.AddWithValue("@m", diaryDate.Month);
    cmdAtt.Parameters.AddWithValue("@d", diaryDate.Day);

    conAtt.Open();
    DiaryId = (int)cmdAtt.ExecuteScalar();
    conAtt.Close();

    //按日期查询指定日记的所有附件
    sdaAtt = new SqlDataAdapter("SELECT [Attid],[DiaryId],[FileName],
      [Discription],[FileSize],[AttBin] FROM [Att] where [DiaryId]=@id",conAtt);

    sdaAtt.SelectCommand.Parameters.AddWithValue("@id", DiaryId);

    //为增、删、改操作自动生成 Command(手写亦可, 只是代码略多)
    SqlCommandBuilder scbAtt = new SqlCommandBuilder(sdaAtt);
    sdaAtt.InsertCommand = scbAtt.GetInsertCommand();
    sdaAtt.UpdateCommand = scbAtt.GetUpdateCommand();
    sdaAtt.DeleteCommand = scbAtt.GetDeleteCommand();

    DataSet dsAtt = new DataSet();
    //按日期获取日记的附件
    sdaAtt.Fill(dsAtt, "att");
    //绑定在 DataGridView 控件上显示
    dataGridView1.DataSource = dsAtt.Tables["att"];
}
/// <summary>
/// 只读属性, 代表本窗体对应的日记的 ID
/// </summary>
public int DiaryId
{
    get;
    private set;
}
```

(7) 在主窗体中添加菜单项和任务栏图标，用于打开日记附件对话窗体，代码如下所示。

```
//如果当前激活的子窗体不存在(即一个窗体也没有)，则直接退出函数执行过程，什么也不做
if (this.ActiveMdiChild == null)
{
    return;
}
//与原有代码相同，利用窗体的 tag 找到按钮上的日期
string date = ((this.ActiveMdiChild as FrmDocument).Tag as Button).Text;
frmAtt att = new frmAtt(date);
att.ShowDialog( );
```

(8) 添加如图 7-13 所示的窗体，名为 FrmAttAdd。设置文本框 txbDiscription 和 txbFilePath 为 Public 公有；txbFilePath 的 ReadOnly 属性为 true；确定和取消按钮分别设置 DialogResult 为 OK 和 Cancel 枚举值。

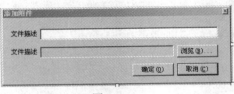

图 7-13

(9) 在 FrmAttAdd 窗体的浏览按钮单击事件中，添加以下代码。

```
DialogResult result = openFileDialog1.ShowDialog();
if (result != System.Windows.Forms.DialogResult.OK)
{
    return;
}
txbFilePath.Text = openFileDialog1.FileName;
```

(10) 在 FrmAtt 窗体的添加按钮中添加单击事件响应代码如下。

```
private void btnAdd_Click(object sender, EventArgs e)
{
    FrmAttAdd attAdd = new FrmAttAdd();
    DialogResult result = attAdd.ShowDialog();
    if (result != System.Windows.Forms.DialogResult.OK ||
        !File.Exists(attAdd.txbFilePath.Text))
    {
        return;
    }
    //如果不是 OK 的返回结果或者选择的文件不存在，就什么也不做，直接 Return 掉。所以执行到此，
       必然是单击了"确定"按钮的
    //将界面控件绑定的数据源(object)拆箱为 DataTable 使用
    DataTable tbAtt = dataGridView1.DataSource as DataTable;
    DataRow drAtt = tbAtt.NewRow();
```

```
    //读出文件信息，准备用此存入数据库(数据库的 image 对应 C#的 byte[])
    FileStream fs = new FileStream(attAdd.txbFilePath.Text, FileMode.Open,
    FileAccess.Read, FileShare.Read);
    byte[] buffer = new byte[fs.Length];
    fs.Read(buffer, 0, buffer.Length);
    fs.Close();

    //为新建的行，加入各个值，注意没有附件 ID(attid)，因为这是由数据库生成的
    drAtt["DiaryId"] = DiaryId;
    drAtt["Discription"] = attAdd.txbDiscription.Text;
    drAtt["FileSize"] = buffer.Length;
    drAtt["AttBin"] = buffer;
    drAtt["FileName"] = Path.GetFileName(attAdd.txbFilePath.Text);
    //将数据行，加入到数据表
    tbAtt.Rows.Add(drAtt);
    //如果使用以下 Update 代码，则立即将数据插入数据库，但是我们也可以在单击"关闭"按钮后统一
    实现数据库的增、删、改，因此，并不需要在插入的时候就执行该行
    //sdaAtt.Update(tbAtt);
}
```

(11) 在 FrmAtt 窗体的删除按钮中添加单击事件响应代码如下。

```
private void btnDel_Click(object sender, EventArgs e)
{
    DataTable tbAtt = dataGridView1.DataSource as DataTable;
    foreach (DataGridViewRow row in dataGridView1.SelectedRows)
    {
        (row.DataBoundItem as DataRowView).Delete();
    }
    //如果使用以下 Update 代码，则立即从数据库中删除，但是我们也可以在单击"关闭"按钮后统一实
    现数据库的增、删、改，因此，并不需要在插入的时候就执行该行
    //sdaAtt.Update(tbAtt);
}
```

(12) 在 FrmAtt 窗体的"删除"按钮中添加单击事件响应代码如下。

```
private void dataGridView1_CellContentClick(object sender,
DataGridViewCellEventArgs e)
{
    DataGridView dgv = (DataGridView)sender;
    if (dgv.Columns[e.ColumnIndex].Name == "获取")
    {
        //仅对名为"获取"的按钮列生效，其余列不做处理
        DataRowView dv = dgv.Rows[e.RowIndex].DataBoundItem as DataRowView;
        saveFileDialog1.FileName = (string)dv["Filename"];
        DialogResult result = saveFileDialog1.ShowDialog();
        if (result != System.Windows.Forms.DialogResult.OK)
```

```
            return;

        byte[] buffer = (byte[])dv["Attbin"];
        Stream fs = saveFileDialog1.OpenFile();
        fs.Write(buffer, 0, buffer.Length);
        fs.Close();
    }
}
```

(13) 对于修改操作，如修改文件描述，我们可以事先对列设置只读属性(ReadOnly)为 true 或者 false 来控制最终用户是否能够双击进入单元格进行修改。对于修改的行为，我们不必做任何代码处理，数据源(DataSource)中的数据会被自动设置为已更新状态，等到下一次适配器被执行Update()方法的时候即可被数据库接受了。因此我们需要为 FrmAttAdd 窗体的"关闭"按钮添加以下代码，保证在关闭该对话窗的时候，将数据"同步"到数据库中。

```
private void btnClse_Click(object sender, EventArgs e)
{
    DataGridView dgv = (DataGridView)sender;
    DataTable dt = dgv.DataSource as DataTable;
    sdaAtt.Update(dt);
}
```

◆ 第二阶段 ◆

练习 2：修改 MDI 日记本，为日记加入搜索功能

【问题描述】
当我们的日记本中拥有足够多的日记时，查找日记将是一件很麻烦的操作，所以我们需要为日记本加入搜索功能。

【问题分析】
- 在主界面需要一个菜单和工具栏按钮，用来打开"搜索"对话窗。
- "搜索"对话窗为用户提供一个输入条件的文本框和"确定""取消"两个按钮。
- 找到符合条件的结果，用列表的形式显示在搜索框下面，可以使用 DataGridView 控件来显示。
- 双击一个搜索结果时，打开指定的日记，效果等同于在树状节点上单击。

【拓展作业】

使用 DataGridView 控件，实现一个类似于 SQL Server 企业管理器中显示添加、修改和删除数据的界面。在界面上指定一个数据表，将这个表的数据呈现给用户，并且允许用户对其进行增、删、改、查。

单元 八
三层架构的应用

课程目标

- ▶ 了解三层架构的概念
- ▶ 了解三层架构的作用
- ▶ 了解三层架构之间的关系
- ▶ 掌握搭建三层架构的方法

使用WinForm开发桌面应用程序

 简 介

在前面的课程中,我们学习过面向对象的基本语法,在本书前面的章节中,我们又学习了 WinForm 编程的常用控件和 ADO.NET 类,掌握了利用 ADO.NET 连接数据库的方法。在本单元中,我们会需要用到这些知识,将其综合起来,成为一项强大的综合实用技能。本单元的重点在于领会,而不是模仿。

8.1 分层设计

我们知道,世界上第一辆汽车并不是美国的福特公司制造的。但是,福特 T 型车在汽车工业史,乃至于人类工业史上都具有举足轻重的地位。那么有谁知道,福特的 T 型车究竟为什么能够有这样的历史地位呢?

实际上,福特公司并没有发明任何新的技术,他们只是把屠宰场式的流水线引进到了工业领域。过去需要优秀的机械工人通过数周时间敲敲打打生产一辆汽车的历史被彻底改变了,在福特公司的流水线上,每天都能开出成群的 T 型车。那么让我们看看,流水线究竟有怎么样的魔力能产生这么奇妙的效果。

首先,生产过程被分解,工人的技能需求被大幅度下降。

过去需要经过漫长的实践经验才能制造汽车的人力成本是极为高昂的,但是在生产线上,每一个工人只负责自己的一个环节,拧螺丝、装配玻璃、缝制皮革——每个环节的技术难度变得非常低,几乎任何人都可以加入生产过程。于是昂贵的专业技师被廉价的劳动力取代,汽车成本急剧下降。

其次,汽车的设计和制造被标准化,如果汽车坏掉了,维修也极为简单。

可以想象得到,经过高级技术工人精心设计的汽车,被分解为无数个标准的零配件。生产线负责的不仅仅只是组装这些零配件,也为这些零配件的维修和保养提供了标准化的基础。当一辆汽车坏掉之后,修理厂可以很容易地使用标准化的配件(如车子的轮胎)轻易替换损坏的部分,这一点在粗犷设计、手工生产的时代是无法想象的。

最后,一旦汽车的设计被固定下来,以后再生产新的款式,并不需要重新去做一些重复劳动,大大降低了生产重复率,提高了生产效率。

可以看到,在福特公司的无数个标准零配件中,有大部分的零配件是可以通用的,如轮胎、方向盘、金属商标、座椅、火花塞、轴承等。当设计了一款新车的时候,设计、制造的成本实际上是 "1+1<2" 的,而且是生产得越多,平均成本越低。

我们用简单一点的词汇来表达上面的表述,大致上离不开这样几个字眼:高效、可靠、廉价和可复用,而这些显然也是软件开发所需要的,因此,我们往往也能听到 "软件工业" 这样的说法。

8.2 软件开发的分层

通常情况下，MIS(Management Information System，管理信息系统)类型的软件应用，常常被分为三层，即表示层、业务逻辑层、数据访问层。表示层——给用户提供操作的界面；业务逻辑层——数据传输和逻辑分析；数据访问层——访问数据库，为程序提供数据和修改数据。把程序分为三层后，每个层都只实现自己的功能代码，也就是说，表示层只存放定义用户界面的功能代码，业务逻辑层只存放业务逻辑功能的代码，数据访问层只存放访问数据库和修改数据库的代码。这样把应用程序分层后，如果客户需要修改界面，就只用修改表示层的代码，其他层的代码根本就不用去关心，提高了程序维护的效率，便于修改。

三层之间的关系如图8-1所示。

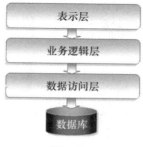

图 8-1

如果用汽车作为类比，表示层就是驾驶员平常接触到的部分。驾驶员只需要使用门、窗、座椅、方向盘、各种手柄、踏板和仪表，而不必关心这些仪表和机械部分是如何让汽车开动起来的。实际上，驾驶员也没有任何必要去知道汽车是如何开动的。

业务逻辑层是各种功能的行为，如前进、后退、加速、减速和转弯等。驾驶员控制"表示层"的踏板和手柄，被汽车自己转换成了以上的动作，因此我们说，表示层会自主地调用业务层，也仅仅只调用业务层。

而汽车运行的一切动力来自于汽油和发动机，前进、后退、刹车这些动作又被汽车自己分解成为"点燃更多/更少燃油""倒转输出动力""卡住轮胎"的具体行为，这些行为是由发动机、离合器等核心部件实现的。于是我们可以说，业务逻辑层会调用数据访问层实现核心逻辑。

在以上的表述中，我们可以看到，所谓的分层，是一种分工合作，层层负责的机制。我们现在买的很多国产汽车，经常会宣称自己的发动机是国外原装进口的。那么大家有没有想过，不同国家、不同厂商制造的发动机，为什么可以如此灵活地被替换、安装到汽车上呢？

这正是分层的魅力所在！

可以想象得到，如果我们编写了一个使用SQL Server数据库的程序，某天因为某种需要，要把它修改为Access版本的时候，我们不再需要重新编写全部代码了，界面、业务逻辑的代码可以完全保留或者仅仅只做少量的修改，只需要更改一下数据库访问的代码，就像换发动机一样，找一个合适款式的发动机装上去就好了。

再或者，程序因为某种需要，例如，要把 MDI 日记本变成一个用网站形式来表现的东西，功能没有任何变化。我们完全可以保留数据访问层和业务逻辑层，只要重做一个界面即可。

这一切，需要在设计的时候就做好拆分，如同设计汽车流水线一样。事实上，设计汽车流水线，比生产一辆汽车的难度高多了。

8.3 三层架构之间的关系——数据传递方向

在三层架构中，层与层之间数据传递的方向分为请求和响应两个方向，如图 8-2 所示。

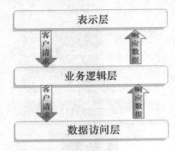

图 8-2

表示层接收到用户的数据和请求后，根据用户的请求把用户的数据输入传递给业务逻辑层，业务逻辑层接收到用户数据和请求后，首先要对数据和请求进行验证和审核，验证过后再将数据和请求传递给数据访问层，如果验证无效直接将结果返回表示层，数据访问层接收到数据和请求后，将开始读取或者保存数据。

接下来是响应数据传递方向。

数据访问层读取数据库后得到用户需要的数据，然后把读取的结果传递给业务逻辑层；业务逻辑层接收到结果后，首先对结果进行验证，验证有效后将结果传递给表示层；表示层接收到结果后，将结果显示在界面行。

数据传递方向用图 8-3 表示更清晰。

图 8-3

8.4 搭建三层架构项目框架

在对三层架构有了一定的了解后，现在我们开始搭建三层架构。当三层架构构建好后，在"解决方案资源管理器"窗口中会看到如图 8-4 所示的结构。

图 8-4

8.4.1 表示层的搭建

在开发环境 Visual Studio 2008 中,打开之前编写的 MDI 日记本项目。仔细观察一下,我们编写的大部分"东西"其实都是窗体,这不正是一个完整的"表示层"吗?

但是,作为一个"层",在表示层的项目中,是不应该出现任何业务逻辑和数据操作的,所以需要对其进行修改——主要是删除代码,正因为如此,我们才推荐大家事先备份原来的代码。

本单元只讲解三层架构的关系和搭建操作步骤。至于项目的具体代码这里不做讲解,这是下一单元的内容了。

需要说明的是,表示层一般是 Windows 应用程序或者 Web 应用程序。Windows 应用程序一般被编译成可执行程序,就是说 Windows 应用程序被编译为.exe 可执行程序。

8.4.2 业务逻辑层的搭建

在我们搭建了项目的表示层(.exe可执行文件项目)后,在当前的解决方案里,继续添加项目,搭建业务逻辑层,步骤如下所示。

(1) 选择"文件"|"添加"|"新建项目"菜单。

(2) 在弹出的"添加新项目"对话框中,项目类型选择 Visual C#,模板选择"类库"。项目名称中填写 NoteBLL,项目保存位置选择刚才新建项目的解决方案目录。注意,"类库"项目经过编译会产生一个.DLL 扩展名的文件,而不是.exe 的。有兴趣的话,不如到你的计算机中看一下各种应用程序的安装目录,例如 QQ,是不是一个 QQ.exe 和一群各种各样的.DLL 文件被放在一起了?

(3) 为了让.exe 文件(表示层项目)可以正常调用.DLL 文件(业务逻辑层项目),我们需要在 Note 项目上选择"右击"|"添加引用"|"项目"选项,在其中选择 NoteBLL 后单击"确定"按钮。

8.4.3 数据访问层的搭建

搭建数据访问层与搭建业务逻辑层的步骤差不多,不同的地方是填写的项目名称是 NoteDAL,并在 NoteBLL 上设置引用 NoteDAL 就行了。

8.5 综合案例

8.5.1 编写数据访问层代码

在 NoteDAL 项目中编写如下代码,注意这个类中,除了数据库访问之外,什么都没有,没有任何有意义的"功能查询",代码含义详见注释。

```csharp
using System;
using System.Collections.Generic;
using System.Linq;
using System.Text;
using System.Data;
using System.Data.SqlClient;

namespace NoteDAL
{
    public class DiaryData
    {
        private DataSet _ds = new DataSet();
        /// <summary>
        /// 全局统一的连接字符串
        /// </summary>
        private const string _connString = "Data Source=(local);
Initial Catalog=Diary;Integrated Security=True";

        /// <summary>
        /// 我们有两张表,所以做两个适配器
        /// </summary>
        SqlDataAdapter sdaDiary = new SqlDataAdapter("select * from Diary", _connString);
        SqlDataAdapter sdaDiaryAtt = new SqlDataAdapter("select * from Att", _connString);
        /// <summary>
        /// 用于保存数据日记和日记附件数据的 DataSet 对象
        /// </summary>
        private DataSet dsDiary
        {
            get { return _ds; }
            set { _ds = value; }
        }
        /// <summary>
        /// 在 dsDiary 中用于保存日记信息的表
        /// </summary>
        public DataTable Diary
        {
            get
            {
                if (_ds.Tables["diary"] == null)
```

```csharp
            {
                LoadData();
            }
            return _ds.Tables["diary"];
        }
    }
    /// <summary>
    /// 在 dsDiary 中用于保存日记附件的表
    /// </summary>
    public DataTable DiaryAttdd
    {
        get
        {
            if (_ds.Tables["diaryAtt"] == null)
            {
                LoadData();
            }
            return _ds.Tables["diaryAtt"];
        }
    }
    /// <summary>
    /// 构造函数
    /// </summary>
    public DiaryData()
    {
        LoadData();
    }


    /// <summary>
    /// 将数据库的数据加载到本类的实例成员中
    /// </summary>
    public void LoadData()
    {
        SqlCommandBuilder scbDiary = new SqlCommandBuilder(sdaDiary);
        sdaDiary.InsertCommand = scbDiary.GetInsertCommand();
        sdaDiary.UpdateCommand = scbDiary.GetUpdateCommand();
        sdaDiary.DeleteCommand = scbDiary.GetDeleteCommand();

        SqlCommandBuilder scbAtt = new SqlCommandBuilder(sdaDiaryAtt);
        sdaDiaryAtt.InsertCommand = scbAtt.GetInsertCommand();
        sdaDiaryAtt.UpdateCommand = scbAtt.GetUpdateCommand();
        sdaDiaryAtt.DeleteCommand = scbAtt.GetDeleteCommand();

        sdaDiary.Fill(dsDiary, "diary");
        sdaDiaryAtt.Fill(dsDiary, "diaryAtt");
    }
    /// <summary>
    /// 将本类的实例成员变量中的数据,存回数据库中
    /// </summary>
```

```
        public void SaveData()
        {
            sdaDiary.Update(dsDiary);
        }
    }
}
```

8.5.2 编写业务逻辑层代码

在 NoteBLL 项目中编写如下代码。

```
using System;
using System.Collections.Generic;
using System.Linq;
using System.Text;
using System.Data;

namespace NoteBLL
{
    public class DiaryBLL
    {
        private static NoteDAL.DiaryData data = new NoteDAL.DiaryData();
        /// <summary>
        /// 获取全部有日记的年份(去重复)
        /// </summary>
        /// <returns></returns>
        public static int[] GetAllYears()
        { }

        /// <summary>
        /// 按年份获取全部有日记的月份(去重复)
        /// </summary>
        /// <param name="year"></param>
        /// <returns></returns>
        public static int[] GetMonth(int year)
        { }

        /// <summary>
        /// 按年份和月份获取全部有日记的日期
        /// </summary>
        /// <param name="year"></param>
        /// <param name="month"></param>
        /// <returns></returns>
        public static int[] GetDays(int year, int month)
        { }

        /// <summary>
        /// 按日期获取日记文本
```

```csharp
/// </summary>
/// <param name="date"></param>
/// <returns></returns>
public static string GetTextByDate(DateTime date)
{ }

/// <summary>
/// 添加一个新的日记(空文本)
/// </summary>
/// <param name="date"></param>
public static void AddDiary(DateTime date)
{ }

/// <summary>
/// 修改日记文本
/// </summary>
/// <param name="date"></param>
/// <param name="text"></param>
public static void WriteDairy(DateTime date, string text)
{ }

/// <summary>
/// 按日期获取附件清单
/// </summary>
/// <param name="date"></param>
/// <returns></returns>
public static DataRow GetAtt(DateTime date)
{ }

/// <summary>
/// 未指定日期的日记添加附件
/// </summary>
/// <param name="date">附件所属日期</param>
/// <param name="discription">附件描述</param>
/// <param name="fileName">附件原始文件名</param>
/// <param name="bin">附件</param>
public static void AddAtt(DateTime date, string discription, string fileName, byte[] bin)
{ }

/// <summary>
/// 删除一个附件
/// </summary>
/// <param name="attID"></param>
public static void DeleteArr(int attID)
{
}

/// <summary>
/// 修改附件的描述文本
```

```
        /// </summary>
        /// <param name="attID"></param>
        /// <param name="discription"></param>
        public static void WriteAttDiscritpion(int attID, string discription)
        { }
    }
}
```

以上代码从语法上说，是不能成立的。因为有些方法需要返回值，但是函数体并没有提供任何返回值。特别需要关注的一点是，这里的全部方法是不是"刚好"可以满足界面上的全部功能需要呢？

我们利用界面调用这些函数(假设忽略语法意义上存在的问题)，将会得到一些"纯粹"的数据，或者"纯粹"地执行一些任务。而这个类与数据库可以说是毫无关系的(数据都在DAL层被处理了)。于是我们似乎可以得到如下结论。

- BLL 层——只有操作。
- DAL 层——只有数据。
- 表示层——只有界面。

下面我们需要为上面空的函数体填充合适的代码了，完整的代码如下所示。

```csharp
using System;
using System.Collections.Generic;
using System.Linq;
using System.Text;
using System.Data;
using System.IO;

namespace NoteBLL
{
    public class DiaryBLL
    {
        private static NoteDAL.DiaryData data = new NoteDAL.DiaryData();

        /// <summary>
        /// 获取全部有日记的年份(去重复)
        /// </summary>
        /// <returns></returns>
        public static int[] GetAllYears()
        {
            DataView dvYear = new DataView(data.Diary);
            //在数据视图中，找出不重复的年，将其返回一个一个的新表(临时表)
            DataTable dtyear = dvYear.ToTable(true, new string[] { "year" });
            int[] result = new int[dtyear.Rows.Count];
            for (int i = 0; i < result.Length; i++)
            {
                result[i] = (int)dtyear.Rows[i][0];
            }
            return result;
        }
```

```csharp
/// <summary>
/// 按年份获取全部有日记的月份(去重复)
/// </summary>
/// <param name="year"></param>
/// <returns></returns>
public static int[] GetMonth(int year)
{
    DataView dvMonth = new DataView(data.Diary);
    dvMonth.RowFilter = "year=" + year;
    dvMonth.Sort = "month";
    DataTable dtmonth = dvMonth.ToTable(true, new string[] { "month" });
    int[] result = new int[dvMonth.Count];
    for (int i = 0; i < result.Length; i++)
    {
        result[i] = (int)dvMonth[i][0];
    }
    return result;
}

/// <summary>
/// 按年份和月份获取全部有日记的日期
/// </summary>
/// <param name="year"></param>
/// <param name="month"></param>
/// <returns></returns>
public static int[] GetDays(int year, int month)
{
    DataView dvDay = new DataView(data.Diary);
    dvDay.RowFilter = "year=" + year + " and month=" + month;
    dvDay.Sort = "day";
    int[] result = new int[dvDay.Count];
    for (int i = 0; i < result.Length; i++)
    {
        result[i] = (int)dvDay[i][0];
    }
    return result;
}

/// <summary>
/// 按日期获取日记文本
/// </summary>
/// <param name="date"></param>
/// <returns></returns>
public static string GetTextByDate(DateTime date)
{
    DataView dvDiary = new DataView(data.Diary);
    dvDiary.RowFilter = "year=" + date.Year + " and month=" + date.Month + " and day=" + date.Day;
    if (dvDiary.Count == 0)
    {
```

```csharp
            return "";
        }
        return (string)dvDiary[0]["diaryText"];
    }

    /// <summary>
    /// 添加一个新的日记(空文本)
    /// </summary>
    /// <param name="date"></param>
    public static void AddDiary(DateTime date)
    {
        DataRow newRow = data.Diary.NewRow();
        newRow["year"] = date.Year;
        newRow["month"] = date.Month;
        newRow["day"] = date.Day;
        newRow["diaryText"] = "";
        data.Diary.Rows.Add(newRow);
        data.SaveData();
    }

    /// <summary>
    /// 修改日记文本
    /// </summary>
    /// <param name="date"></param>
    /// <param name="text"></param>
    public static void WriteDairy(DateTime date, string text)
    {
        DataView dvDiary = new DataView(data.Diary);
        dvDiary.RowFilter = "year=" + date.Year + " and month="
                            + date.Month + " and day=" + date.Day;
        if (dvDiary.Count == 0)
        {
            return;
        }
        dvDiary[0]["diaryText"] = text;
        data.SaveData();
    }

    /// <summary>
    /// 按日期获取附件清单
    /// </summary>
    /// <param name="date"></param>
    /// <returns></returns>
    public static DataRow[] GetAtt(DateTime date)
    {
        //双表查询的时候，可以这样查询两次(当然，还有其他写法)
        DataView dvDiary = new DataView(data.Diary);
        dvDiary.RowFilter = "year=" + date.Year + " and month="
        + date.Month + " and day=" + date.Day;
        if (dvDiary.Count == 0)
        {
```

```csharp
            return new DataRow[0];
        }
        int ID = (int)dvDiary[0]["id"];
        DataView dvAtt = new DataView(data.DiaryAtt);
        dvAtt.RowFilter = "DiaryId=" + ID;
        DataRow[] result = new DataRow[dvAtt.Count];
        for (int i = 0; i < result.Length; i++)
        {
            result[i] = dvAtt[i].Row;
        }
        return result;
    }

    /// <summary>
    /// 未指定日期的日记添加附件
    /// </summary>
    /// <param name="date">附件所属日期</param>
    /// <param name="discription">附件描述</param>
    /// <param name="fileName">附件原始文件名</param>
    /// <param name="bin">附件</param>
    public static void AddAtt(DateTime date, string discription, string fileName, byte[] buffer)
    {
        DataView dvDiary = new DataView(data.Diary);
        dvDiary.RowFilter = "year=" + date.Year + " and month=" + date.Month + " and day=" + date.Day;
        if (dvDiary.Count == 0)
        {
            return ;
        }
        int DiaryId = (int)dvDiary[0]["id"];
        DataRow drAtt = data.DiaryAtt.NewRow();
        drAtt["DiaryId"] = DiaryId;
        drAtt["Discription"] = discription;
        drAtt["FileSize"] = buffer.Length;
        drAtt["AttBin"] = buffer;
        drAtt["FileName"] = Path.GetFileName(fileName);
        //将数据行加入到数据表
        data.DiaryAtt.Rows.Add(drAtt);
        data.SaveData();
    }

    /// <summary>
    /// 删除一个附件
    /// </summary>
    /// <param name="attID"></param>
    public static void DeleteArr(int attID)
    {
        DataView dvDiaryAtt = new DataView(data.DiaryAtt);
        dvDiaryAtt.RowFilter = "Attid=" + attID;
        if (dvDiaryAtt.Count == 0)
        {
```

```csharp
            return;
        }
        dvDiaryAtt[0].Delete();
        data.SaveData();
    }

    /// <summary>
    /// 修改附件的描述文本
    /// </summary>
    /// <param name="attID"></param>
    /// <param name="discription"></param>
    public static void WriteAttDiscritpion(int attID, string discription)
    {
        DataView dvDiaryAtt = new DataView(data.DiaryAtt);
        dvDiaryAtt.RowFilter = "Attid=" + attID;
        if (dvDiaryAtt.Count == 0)
        {
            return;
        }
        dvDiaryAtt[0]["Discription"] = discription;
        data.SaveData( );
    }
}
```

以上代码完成后，我们不难发现，这些代码片段都很简短，而且相似程度极高。现在有没有感受到一种坐在流水线上为汽车装配螺丝钉的感觉了？

出于纯语法角度，我们知道，相似的代码都是可以复用的。编写成带有参数的函数即可。这一点，可以充分证明分层设计给软件编写过程带来的方法的改良。只要在设计的阶段做得合理，后续的编码工作就可以变得非常简单了，从商业角度来讲，这也带来了类似于建筑工程的特点——复杂的设计工作由少数的专家完成，大量简单重复劳动由廉价的劳工完成，大幅度降低了工程造价。能够理解并熟练掌握分层开发的精髓，才有可能由廉价劳工走向技术专家之路。

8.5.3 修改界面层代码

在完成了上述代码之后，我们的 Note 项目，即界面项目就显得有点烦琐了。回望代码不难发现，界面逻辑与功能逻辑混在一起，非常杂乱，而且难以区分；而我们一旦按上述方法完成了业务逻辑层的"功能"类之后，一切功能都只需要一个函数调用即可，于是我们可以对界面进行大刀阔斧的改造，删除一切与数据库有关的代码，把所有功能的实现全部改为调用业务逻辑类。

由于需要改动之处颇多，而且并无技巧可言，所以不做赘述，仅取一处以做对比。下面的代码就是在主窗体开启时，加载导航的日记树的代码片段，注释掉的部分为原始代码，粗体部分为新代码。

```csharp
private List<TreeNode> LoadTree()
{
    //sdaDiary.Fill(dsDiary, "diary");
    //DataView dvYear = new DataView(dsDiary.Tables["diary"]);
    //DataTable dtyear = dvYear.ToTable(true, new string[] { "year" });
    int[] years = DiaryBLL.GetAllYears();
    List<TreeNode> result = new List<TreeNode>();
    //foreach (DataRow rowYear in dtyear.Rows)
    foreach (int year in years)
    {
        //int year = (int)rowYear[0];
        TreeNode tn0 = new TreeNode();
        tn0.Name = tn0.Text = year.ToString();
        tn0.ImageIndex = tn0.SelectedImageIndex = 0;
        result.Add(tn0);
        //DataView dvMonth = new DataView(dsDiary.Tables["diary"]);
        //dvMonth.RowFilter = "year=" + year;
        //dvMonth.Sort = "month";
        //DataTable dtmonth = dvMonth.ToTable(true, new string[] { "month" });
        int[] months = DiaryBLL.GetMonth(year);
        foreach (int month in months)
        //foreach (DataRow rowMonth in dtmonth.Rows)
        {
            //int month = (int)rowMonth["month"];
            TreeNode tn1 = new TreeNode();
            tn1.Name = tn0.Name + (month < 10 ? ("0" + month.ToString()) : month.ToString());
            tn1.Text = month.ToString();
            tn1.ImageIndex = tn1.SelectedImageIndex = 1;
            tn0.Nodes.Add(tn1);
            //DataView dvDay = new DataView(dsDiary.Tables["diary"]);
            //dvDay.RowFilter = "year=" + year + " and month=" + month;
            //dvDay.Sort = "day";
            int[] days = DiaryBLL.GetDays(year, month);
            foreach (var day in days)
            //foreach (DataRowView rowDay in dvDay)
            {
                //int day = (int)rowDay["day"];
                TreeNode tn2 = new TreeNode();
                tn2.Name = tn0.Name + (tn1.Text.Length == 1 ? ("0" + tn1.Text) : tn1.Text) + (day
                    < 10 ? ("0" + day.ToString()) : day.ToString());
                tn2.Text = day.ToString();
                tn2.ImageIndex = tn2.SelectedImageIndex = 2;
                tn1.Nodes.Add(tn2);
            }
        }
    }
    return result;
}
```

这样，我们的界面逻辑(生成树节点并显示在界面上)和业务逻辑(获取日记树)就被完全分离了。其余部分代码以此类推，全部改成调用 BLL 层，这样就真的实现了表示层只有界面，业务逻辑层全是功能，数据访问层只有数据。

【单元小结】

- 三层架构就是表示层、业务逻辑层、数据访问层
- 三层架构的优点是软件后期维护非常方便，而且方便扩展软件功能
- 表示层依赖于业务逻辑层，业务逻辑层依赖于数据访问层
- 表示层、业务逻辑层、数据访问层每一层都有自己的职责

【单元自测】

1. 表示层的主要作用是(　　)。
   A. 处理数据   B. 传递数据
   C. 显示数据，提供界面   D. 数据保存和读取
2. 数据访问层的主要作用是(　　)。
   A. 处理数据   B. 显示数据
   C. 数据保存和读取   D. 传递数据
3. 业务逻辑层的主要职责是(　　)。
   A. 传递数据   B. 显示数据
   C. 数据保存和读取   D. 处理数据
4. 三层架构中 DataSet 的主要作用是(　　)。
   A. 处理数据   B. 传递数据的载体
   C. 显示数据，提供界面   D. 数据保存和读取
5. DataView 对象的(　　)属性实现对数据的筛选。
   A. Table   B. Sort
   C. RowFilter   D. Count

【上机实战】

上机目标

- 掌握三层架构的实现
- 掌握三层架构中的使用异常
- 掌握 DataView

上机练习

◆ 第一阶段 ◆

练习1：使用 DataSet 实现三层架构

【问题描述】

在数据库中添加班级信息表，实现班级信息表，使用 ClassInfo 的三层架构查询。班级信息表结构如表 8-1 所示。

表 8-1

列　　名	数 据 类 型	描　　述
ClassID	int	班级编号，主键，标识列
ClassName	nchar(10)	班级名称
StudentsCount	int	班级学员人数
GradeNo	nchar(10)	班级所在年级

【问题分析】

首先根据应用程序对班级信息表的需求设计数据访问层，然后搭建上层。在已经搭建好的三层架构中，添加对班级信息表的相应操作。

【参考步骤】

(1) 新建解决方案 StudentSystem，在该解决方案下添加"Windows 窗体应用程序"项目 StudentUIL，添加"类库"项目 StudentDAL 和 StudentBLL。

(2) 在项目 StudentBLL 中添加对项目 StudentDAL 的引用，在项目 StudentUIL 中添加对项目 StudentBLL 的引用。

(3) 将表示层 StudentUIL 中的 Form1.cs 文件重命名为 frmClass.cs。在该窗体上添加一个 Label 控件、一个 ComboBox 控件和一个 DataGridView 控件，向 ComboBox 控件添加三个项：班级编号排序、按班级名称排序和按班级人数排序，设计班级信息查询界面如图 8-5 所示。

图 8-5

(4) 在数据访问层项目 StudentDAL 下添加班级信息表数据访问类 ClassService，如图 8-6 所示。

图 8-6

(5) 在班级信息表数据访问类文件 ClassService.cs 中添加如下代码。

```
using System;
using System.Collections.Generic;
using System.Linq;
using System.Text;
using System.Data;
using System.Data.SqlClient;
namespace StudentDAL
{
    public class ClassService
    {
        string connString = "server=.;database=students;Integrated Security=SSPI;";
        public DataSet GetClasses()
        {
            SqlConnection conn = new SqlConnection(this.connString);
            SqlDataAdapter da = new SqlDataAdapter("select * from classinfo", conn);
            DataSet ds = new DataSet();
            da.Fill(ds);
            return ds;
        }
    }
}
```

(6) 在业务逻辑层项目 StudentBLL 下添加班级信息表的业务逻辑类 ClassManager，如图 8-7 所示。

(7) 在班级信息表的业务逻辑类文件 ClassManager.cs 中添加如下代码。

```
using System;
using System.Collections.Generic;
using System.Linq;
using System.Text;
```

图 8-7

```csharp
using System.Data;
using StudentDAL;
namespace StudentBLL
{
    public class ClassManager
    {
        public DataView GetClasses()
        {
            DataView dvClass = new DataView(new ClassService().GetClasses().Tables[0]);
            dvClass.Sort = "ClassID";
            return dvClass;
        }
    }
}
```

(8) 在设计好的界面代码文件 frmClass.cs 中添加如下代码。

```csharp
using System;
using System.Collections.Generic;
using System.ComponentModel;
using System.Data;
using System.Drawing;
using System.Linq;
using System.Text;
using System.Windows.Forms;
using StudentBLL;
namespace StudentUIL
{
    public partial class frmClass : Form
    {
        public frmClass()
        {
            InitializeComponent();
```

```
            }
            private void frmClass_Load(object sender, EventArgs e)
            {
                this.comboBox1.SelectedIndex = 0;
                this.dataGridView1.DataSource =
new ClassManager().GetClasses();
            }
        }
}
```

(9) 程序编译执行后结果显示如图 8-8 所示。

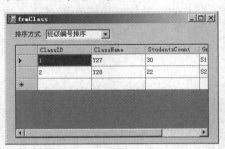

图 8-8

◆ 第二阶段 ◆

练习 2：在第一阶段我们实现了班级编号排序来查看班级信息。请学员们完善按其他排序方式查看班级信息，完成按照班级名称排序和按班级人数排序查看班级信息，并将 DataGridView 的列名显示为中文。当在 ComboBox 控件选择某项后，DataGridView 控件显示相应的数据和顺序

【拓展作业】

1. 自定义界面，实现添加班级和删除班级的功能。
2. 在本单元基础上，对 MDI 日记本的"选项"窗体(参见单元三中图 3-1 和图 3-2)的各项设置进行改造，要求使用分层结构实现功能。

单元九　面向对象实现三层架构

课程目标

- ▶ 理解面向对象的设计
- ▶ 掌握实体类的使用
- ▶ 了解实体类在三层中的作用

 简 介

在上一单元讲解使用 ADO.NET 实现三层架构时，项目的数据访问层使用 DataSet 对象作为载体返回数据，虽然方便，但是也会有很多问题，例如，我们需要读取 DataSet 对象某个 DataTable 对象的某一行的某一列数据时，不只是我们这里说得很绕口，代码也比较烦琐，而这样的需求在开发中大量存在。本单元的重点就是讲解使用实体类构建三层架构。

9.1 实体类

9.1.1 使用实体类的意义

在上一单元的三层架构开发过程中，我们是使用 DataSet 对象在三层间传递数据。这在软件开发过程中，会存在如下一些问题。

(1) DataSet 不具有很好的面向对象特性，例如，对 DataSet 中的数据进行约束和规范。这里的约束和规范不是数据库概念上的"约束"，而是业务约束，例如，身份证号必须是 15 或 18 位。这些约束必须由某些判断代码来定义，而非数据库概念中的"唯一""外键""非空"等。

(2) 在 DataSet 中查找数据很烦琐，容易出错。查找某个数据时，必须指定行索引号和列索引号或者列名。

我们之前在业务逻辑层中曾经编写过类似下面这样的代码。

```
DataRow drAtt = data.DiaryAtt.NewRow();
drAtt["DiaryId"] = DiaryId;
drAtt["Discription"] = discription;
drAtt["FileSize"] = buffer.Length;
drAtt["AttBin"] = buffer;
drAtt["FileName"] = Path.GetFileName(fileName);
```

我们同时也说过，业务逻辑层不应该出现数据库中的东西。这里就出现了一个矛盾，即在业务逻辑层中，如果不知道数据库的字段名和数据类型，将无法正常完成上述代码，因此实际上，业务逻辑并没有真正意义上脱离数据库。

基于上面的考虑，在实际开发过程中，使用实体类替代 DataSet 对象作为载体传递数据。使用实体类可以更好地控制数据的传递和约束。

9.1.2 实体类的概念

我们听说过静态类、抽象类，好像就是没有听说过实体类。那么什么是实体类呢？所谓实体类，就是一个描述业务实体的类，就像我们在数据库设计中接触过的实体—关系图中的实体概念。例如，日记、日记附件都可以被看作是实体，描述这些实体的类就是实体类。通常，类中的成员属性对应数据表中的列，将这些成员封装在一个类中，这就定义了一个实体类，Diary 数据表结构如图 9-1 所示。

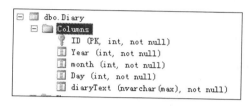

图 9-1

对应生成的实体类 Diary 的代码如下所示。

```
using System;
using System.Collections.Generic;
using System.Linq;
using System.Text;

namespace NoteEntity
{
    [Serializable]
    public class Diary
    {
        public int ID
        { get; set; }

        //私有变量被初始化了一个默认值
        int _year = DateTime.Now.Year;
        /// <summary>
        /// 将私有变量封装为公有属性
        /// </summary>
        public int Year
        {
            get
            {
                //访问 Year 属性等同于访问 _year 私有变量
                return _year;
            }
            set
            {
                //对 Year 公有属性赋值，等同于对_year 私有变量赋值，但是，可以拥有复杂的
                "约束"
```

```csharp
            if (value <= 2000 || value >= 2100)
            {
                throw new Exception("年份设置不合理");
            }
            _year = value;
        }
    }

    int _month = DateTime.Now.Month;
    public int Month
    {
        get
        {
            return _month;
        }
        set
        {
            if (value <= 0 || value >= 13)
            {
                throw new Exception("月份设置不合理");
            }
            _month = value;
        }
    }

    int _day = DateTime.Now.Day;
    public int Day
    {
        get
        {
            return _day;
        }
        set
        {
            if (value <= 0 || value >= 32)
            {
                throw new Exception("日期设置不合理");
            }
            _day = value;
        }
    }

    /// <summary>
    /// 这是一个只读属性,将上述的三个属性进行了封装,在外部调用时,就无须进行处理了
    /// </summary>
    public DateTime CurrentDate
    {
        get
        {
```

```
                return new DateTime(Year, Month, Day);
            }
        }

        string _text = string.Empty;
        public string DiaryText
        {
            get
            {
                return _text;
            }
            set
            {
                //对日记正文赋值时,自动对超长文本进行截断,这也是一种约束
                if (_text.Length > 4000)
                {
                    _text= value.Substring(0, 4000);
                }
                _text = value;
            }
        }
    }
}
```

上述代码表示的类,一旦被实例化,是不是刚好就等效于有了一篇日记了呢?我们可以使用这样的代码来表示。

```
Diary d1 = new Diary();
d1.Year = 2022;
d1.Month = 2;
d1.Day = 3;
d1.DiaryText = "这是一篇日记";
```

由于有了默认值,所以直接写成如下所示的代码。

```
Diary d1 = new Diary();
d1.DiaryText = "这是一篇日记";
```

这样的代码意味着,这篇日记的日期,刚好就是今天。而与此同时,由于有了约束,我们写入一个 d1.Month=22;在运行的时候,将会得到一个错误提示信息"月份设置不合理"。看看这样的实体类,对编码技巧而言是不是又更近了一步?

9.1.3 实体类的作用

如前所述,实体类替代了 DataSet 对象,起到在三层架构中传递数据的作用。例如,将从数据库中读取的日记信息存储到实体类中,然后传递到表示层再绑定到显示控件上显示给用户,实体类的作用如图 9-2 所示。

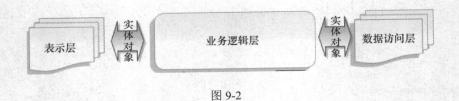

图 9-2

9.2 使用实体类实现三层架构

下面我们通过重新改造上一单元的示例，来讲解如何使用实体类实现三层架构的开发。为了方便对比，建议大家还是把以前的源代码复制保存一份。

9.2.1 新建实体类

在上一单元的解决方案中，我们添加一个类库项目，命名为 NoteEntity 并添加两个类文件，如图 9-3 所示。

图 9-3

需要注意的是，虽然现在我们有了 4 个项目，但是不意味着这是一个"四层结构"的解决方案。它依然是三层的，因为这里的类，仅仅只是做一个数据的容器用途，而不具备任何实质的功能和含义，所以也被称为"哑类"，它将被所有三层结构拿来当作传递数据的介质，就像我们去商场、超市买东西的时候，任何商品都会有包装一样。

DiaryAtt.cs 文件内容如下所示。

```
using System;
using System.Collections.Generic;
using System.Linq;
using System.Text;

namespace NoteEntity
{
[Serializable]
    public class DiaryAtt
{
        public DiaryAtt(Diary p)
        {
            Parent = p;
```

```csharp
}

public Diary Parent
{ get;    set;   }

public int ID
{ get; set; }

//私有变量被初始化了一个默认值
int _ year = DateTime.Now.Year;
/// <summary>
/// 将私有变量封装为公有属性
/// </summary>
public int Year
{
    get
    {
        //访问 Year 属性等同于访问_ year 私有变量
        return _ year;
    }
    set
    {
        //对 Year 公有属性赋值，等同于对_ year 私有变量赋值，但是，可以拥有复杂的"约束"
        if (value <= 2000 || value >= 2100)
        {
            throw new Exception("年份设置不合理");
        }
        _ year = value;
    }
}

int _month = DateTime.Now.Month;
public int Month
{
    get
    {
        return _month;
    }
    set
    {
        if (value <= 0 || value >= 13)
        {
            throw new Exception("月份设置不合理");
        }
        _month = value;
    }
}
```

```csharp
        int _day = DateTime.Now.Day;
        public int Day
        {
            get
            {
                return _day;
            }
            set
            {
                if (value <= 0 || value >= 32)
                {
                    throw new Exception("日期设置不合理");
                }
                _day = value;
            }
        }

        /// <summary>
        /// 这是一个只读属性，将上述的三个属性进行了封装，在外部调用时，就无须进行处理了
        /// </summary>
        public DateTime CurrentDate
        {
            get
            {
                return new DateTime(Year, Month, Day);
            }
        }

        string _text = string.Empty;
        public string DiaryText
        {
            get
            {
                return _text;
            }
            set
            {
                //对日记正文赋值时，自动对超长文本进行截断，这也是一种约束
                if (_text.Length > 4000)
                {
                    _text= value.Substring(0, 4000);
                }
                _text = value;
            }
        }
    }
}
```

它代表了一个日记的附件对象。注意，其中的日记，也就是父元素的ID，是只读的。实际上，我们可以用对象和对象集合来组装产生数据库中的一对一、一对多和多对多等关系。这样，我们就可以利用如下代码来实现对象的引用了。假设att是一个DiaryAtt对象的实例。

```
//输出附件 att 所在的日记的日期
Console.WriteLine(att.Parent.CurrentDate);
```

在附件对象中可以访问到日记，那么日记又如何访问到附件呢？我们改造一下上面的Diary实体，加入一个集合属性，如下所示。

```
private List<DiaryAtt> _att = new List<DiaryAtt>();
public List<DiaryAtt> Att
{
    get { return _att; }
}
```

然后在附件DiaryAtt类的构造函数中加入以下代码。

```
public DiaryAtt(Diary p)
{
    Parent = p;
    p.Att.Add(this);
}
```

这样，我们就能够在日记对象中以集合的形式访问附件了。

9.2.2 添加每个层与实体层之间的引用关系

由于实体类是作为数据的容器，而所有项目都需使用数据，因此，我们要在所有的项目中添加实体项目的引用，如图9-4所示。

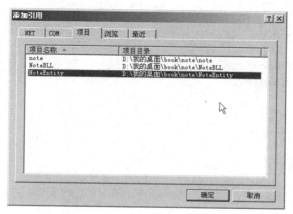

图 9-4

9.2.3 改造数据访问层

在数据访问层使用实体类返回数据时,需要考虑的一个问题是——一个类对象描述一个日记或附件的信息,但是如果查询所有日记信息呢?返回一个实体类对象怎么够呢?因为一个对象只保存了一个日记的信息。

还记得我们在 C#课程学的集合吗?它就是数据访问层返回类的集合对象,如 List<Diary>的对象。下面所示是数据访问层的实现代码。

```csharp
using System;
using System.Collections.Generic;
using System.Linq;
using System.Text;
using System.Data;
using System.Data.SqlClient;
using NoteEntity;

namespace NoteDAL
{
    public class DiaryData
    {
        private const string _connString = "Data Source=(local);Initial
                Catalog=Diary;Integrated Security=True";

        /// <summary>
        /// 新建一个日记(不含 ID),返回含有 ID 的日记
        /// </summary>
        /// <param name="newOne"></param>
        /// <returns></returns>
        public Diary AddDiary(Diary newOne)
        { }
        /// <summary>
        /// 根据 ID 删除日记
        /// </summary>
        /// <param name="id"></param>
        public void DeleteDiary(int id)
        { }
        /// <summary>
        /// 更新输入的日记信息
        /// </summary>
        /// <param name="current"></param>
        public void UpdateDiary(Diary current)
        { }
        /// <summary>
        /// 获取全部日记(含附件)
        /// </summary>
```

```csharp
        /// <returns></returns>
        public List<Diary> GetAllDiary()
        { }
        /// <summary>
        /// 添加一个附件
        /// </summary>
        /// <param name="newOne"></param>
        /// <returns></returns>
        public DiaryAtt AddDiaryAtt(DiaryAtt newOne)
        { }
        /// <summary>
        /// 删除一个附件
        /// </summary>
        /// <param name="id"></param>
        public void DeleteDiaryAtt(int id)
        { }
        /// <summary>
        /// 修改一个附件
        /// </summary>
        /// <param name="current"></param>
        public void UpdateDiaryAtt(DiaryAtt current)
        { }
    }
}
```

出于篇幅的缘故，此处的函数体均为列出的实现代码。不过通过已有知识，大家不难发现，编写完成以上代码的难度并不高，而且这些代码的相似程度也极高，于是有一些聪明的同学可能已经想到了一个好方法——做一个通用的数据库访问类，专门用来执行 SQL 语句，这样当我们调用某个数据库访问类时就可以将以上代码重复使用了。

需要一提的是，某些辅助工具可以为我们生成通用的数据库访问类，而且功能还非常强大，这让很多初学者错误地把数据库访问类等同于数据访问层来看待。实际上，数据库访问类是数据库访问层的一部分，而且不是最主要的部分，它的主要功能仅仅只是重用代码，而不是实现功能，下面是一个常见的数据库访问类的代码。

```csharp
using System;
using System.Data;
using System.Data.OleDb;
namespace DataAccess
{
    /// <summary>
    /// 本类主要用于对数据库的操作
    /// </summary>
    public class operateDB
    {
        /// <summary>
        /// 静态连接对象
```

```csharp
/// </summary>
public static OleDbConnection cnn;
private static OleDbDataAdapter da;
//    private static OleDbCommandBuilder cb;
private static OleDbCommand cmd;
private static OleDbCommand cmdGetIdentity;
public static bool isAccessDB;           //是否 Access 数据库
private OleDbConnection cnn1;
private OleDbDataAdapter da1;
private OleDbCommandBuilder cb1;
private OleDbCommand cmd1;
private static OleDbCommand cmdGetIdentity1;

//构造函数
#region initialize
/// <summary>
/// 构造函数
/// </summary>
public operateDB()
{
    // TODO: 在此处添加构造函数逻辑
    cnn1 = new OleDbConnection();
    da1 = new OleDbDataAdapter();
    //不用 OleDbCommand 对象更新到数据库时，必须有下面一行
    cb1 = new OleDbCommandBuilder(da);
    cmd1 = new OleDbCommand();
    cmdGetIdentity = null;
    cmdGetIdentity1 = new OleDbCommand("SELECT @@IDENTITY", cnn);
}
public static void initializeOperateDB(string strCon)
{
    cnn = new OleDbConnection();
    da = new OleDbDataAdapter();
    cmd = new OleDbCommand();
    conStr = strCon;
}
#endregion initialize
//获取或设置连接字符串
#region get&setConnectionString

private static string conStr;
private string _连接字符串;
/// <summary>
/// 获取连接字符串
/// </summary>
public static string MyConStr
{
```

```csharp
        get { return conStr; }
        set { conStr = value; }
    }
    /// <summary>
    /// 获取连接字符串
    /// </summary>
    public string 连接字符串
    {
        get { return _连接字符串; }
        set { _连接字符串 = value; }
    }
    #endregion get&setConnectionString
    //获得表的名称
    #region acquireTableNames
    /// <summary>
    /// 获取数据库中的表名集合
    /// </summary>
    /// <returns></returns>
    public static DataTable tablesCollection()
    {
        DataTable tbl = new DataTable();
        try
        {
            cnn.ConnectionString = conStr;
            cnn.Open();
            tbl = cnn.GetOleDbSchemaTable(OleDbSchemaGuid.Tables,
              new object[] { null, null, null, "TABLE" });
        }
        catch (Exception ce)
        {
            Console.WriteLine("产生错误:\n{0}", ce.Message);
        }
        finally
        {
            cnn.Close();
        }
        return tbl;
    }
    public DataTable 获取表名集合()
    {
        DataTable tbl = new DataTable();
        try
        {
            cnn1.ConnectionString = this._连接字符串;
            cnn1.Open();
            tbl = cnn1.GetOleDbSchemaTable(OleDbSchemaGuid.Tables,
              new object[] { null, null, null, "TABLE" });
```

```csharp
            }
            catch (Exception ce)
            {
                Console.WriteLine("产生错误:\n{0}", ce.Message);
            }
            finally
            {
                cnn1.Close();
            }
            return tbl;
        }
        /// <summary>
        /// 获取某表列名的集合
        /// </summary>
        /// <param name="tbl"></param>
        /// <returns></returns>
        public static DataTable columnsCollection(DataTable tbl)
        {
            DataTable temp = new DataTable();
            cnn.Open();
            temp = cnn.GetOleDbSchemaTable(OleDbSchemaGuid.Columns,
            new object[] { null, null, tbl.TableName, null });
            //temp=cnn.GetOleDbSchemaTable(OleDbSchemaGuid.Columns,null);
            cnn.Close();
            return temp;
        }
        public DataTable 获取列名集合(DataTable tbl)
        {
            DataTable temp = new DataTable();
            cnn1.Open();
            temp = cnn1.GetOleDbSchemaTable(OleDbSchemaGuid.Columns,
            new object[] { null, null, tbl.TableName, null });
            //temp=cnn.GetOleDbSchemaTable(OleDbSchemaGuid.Columns,null);
            cnn1.Close();
            return temp;
        }
        #endregion acquireTableNames

        //获得表的结构
        #region acquireTableSchema
        /// <summary>
        /// 取得表的结构(不包含数据)
        /// </summary>
        /// <param name="tblName">表名字</param>
        /// <returns></returns>
        public static DataTable schemaTable(string tblName)
        {
```

```csharp
            DataTable dtl = null;
            try
            {
                if (cnn.ConnectionString == "")
                    cnn.ConnectionString = conStr;
                if (cnn.State != ConnectionState.Open)
                    cnn.Open();
                da.SelectCommand = new OleDbCommand("select * from " + tblName, cnn);
                dtl = new DataTable(tblName);
                da.FillSchema(dtl, SchemaType.Source);
            }
            catch
            {
            }
            finally
            {
                cnn.Close();
            }
            return dtl;
        }
        public DataTable 获取表结构(string tblName)
        {
            DataTable dtl = null;
            try
            {
                if (cnn1.ConnectionString == "")
                    cnn1.ConnectionString = this._连接字符串;
                if (cnn1.State != ConnectionState.Open && cnn1.State != ConnectionState.Connecting)
                    cnn1.Open();
                da.SelectCommand = new OleDbCommand("select * from " + tblName, this.cnn1);
                dtl = new DataTable(tblName);
                da1.FillSchema(dtl, SchemaType.Source);
            }
            catch
            {
                dtl = null;
            }
            finally
            {
                cnn1.Close();
            }
            return dtl;
        }
        #endregion acquireTableSchema

        //获得表的主键
        #region acquirePrimaryKeys
```

```csharp
/// <summary>
/// 获得表的主键列
/// </summary>
/// <param name="DBName">数据库</param>
/// <param name="TableName">表名</param>
/// <returns></returns>
public static DataTable getPrimaryKeys(string DBName, string TableName)
{
    DataTable dtlTemp = null;
    try
    {
        cnn.Open();
        dtlTemp = cnn.GetOleDbSchemaTable(OleDbSchemaGuid.Primary_Keys,
            new Object[] { DBName, "dbo", TableName });
        operateDB.cnn.Close();
    }
    catch
    {
    }
    finally
    {
        cnn.Close();
    }
    return dtlTemp;
}
public DataTable 获取主键(string DBName, string TableName)
{
    DataTable dtlTemp = null;
    try
    {
        cnn1.Open();
        dtlTemp = cnn1.GetOleDbSchemaTable(OleDbSchemaGuid.Primary_Keys,
            new Object[] { DBName, "dbo", TableName });
    }
    catch
    {
    }
    finally
    {
        cnn.Close();
    }
    return dtlTemp;
}
#endregion

//多表填充 OleDbDataAdapter
#region MultiTableDataAdapter
```

```csharp
/// <summary>
/// 多表查询的 DataAdapter
/// </summary>
/// <param name="sql">SQL 命令</param>
/// <returns></returns>
public OleDbDataAdapter setAdapter(string sql)
{
    cnn.ConnectionString = conStr;
    da.SelectCommand = new OleDbCommand(sql);
    da.SelectCommand.Connection = cnn;
    return da;
}
#endregion

//填充数据
#region fillTable
/// <summary>
/// 填充 dataTable 的查询
/// </summary>
/// <param name="tblName">数据表(必须输入数据库中存在的名称，也可以是视图)</param>
/// <param name="sqlStr">SQL 语句</param>
/// <returns>记录条数</returns>
public static int select(DataTable tblName, string sqlStr)
{
    int i = 0;
    try
    {
        tblName.Clear();
        da.Dispose();
        if (cnn.ConnectionString == "")
            cnn.ConnectionString = conStr;
        if (cnn.State != ConnectionState.Open && cnn.State != ConnectionState.Connecting)
            cnn.Open();
        //OleDbCommand cmd=new OleDbCommand("select * from "+tblName.TableName+"
        where "+sqlStr,cnn);
        cmd.Connection = cnn;
        cmd.CommandType = CommandType.Text;
        cmd.CommandText = sqlStr;
        da.SelectCommand = cmd;
        i = da.Fill(tblName);
    }
    catch (Exception ce)
    {
        Console.WriteLine("产生错误:\n{0}", ce.Message);
    }
    finally
```

```csharp
        {
            da.Dispose();
            cnn.Close();
        }
        return i;
    }

    public int 填充表(DataTable tblName, string sqlStr)
    {
        int i = 0;
        try
        {
            tblName.Clear();
            da1.Dispose();
            if (cnn1.ConnectionString == "")
                cnn1.ConnectionString = this._连接字符串;
            if (cnn1.State != ConnectionState.Open)
                cnn1.Open();
            cmd1.Connection = cnn1;
            cmd1.CommandType = CommandType.Text;
            cmd1.CommandText = sqlStr;
            da1.SelectCommand = cmd;
            i = da1.Fill(tblName);
        }
        catch (Exception ce)
        {
            Console.WriteLine("产生错误:\n{0}", ce.Message);
        }
        finally
        {
            da.Dispose();
            cnn1.Close();
        }
        return i;
    }

    public int sqlStatement(DataTable tblName, string sqlStr)
    {
        int i = 0;
        try
        {
            tblName.Clear();
            da.Dispose();
            if (cnn.ConnectionString == "")
                cnn.ConnectionString = conStr;
            if (cnn.State != ConnectionState.Open)
                cnn.Open();
```

```csharp
                cmd.Connection = cnn;
                cmd.CommandType = CommandType.Text;
                cmd.CommandText = sqlStr;
                da.SelectCommand = cmd;
                i = da.Fill(tblName);
        }
        catch (Exception ce)
        {
            Console.WriteLine("产生错误:\n{0}", ce.Message);
        }
        finally
        {
            da.Dispose();
            cnn.Close();
        }
        return i;
}
#endregion fillTable
#region fillDataSet
public static void fillDataSet(DataSet ds)
{
    foreach (DataTable dtl in ds.Tables)
    {
        select(dtl, "SELECT * FROM " + dtl.TableName);
    }
}
public void 填充DataSet(DataSet ds)
{
    foreach (DataTable dtl in ds.Tables)
    {
        this.填充表(dtl, "SELECT * FROM " + dtl.TableName);
    }
}
#endregion
//execSql
#region dataReader to DataTable

/// <summary>
/// 执行 SQL 命令，返回结果集，可用于多表的 SQL 命令
/// </summary>
/// <param name="strSql"></param>
/// <returns></returns>
public static DataTable execSql(string strSql)
{
    DataTable dtl = null;
    OleDbDataReader rdr = null;
    try
```

```csharp
        {
            if (cnn == null)
                cnn = new OleDbConnection();
            if (cnn.ConnectionString == "")
                cnn.ConnectionString = conStr;
            if (cnn.State != ConnectionState.Open)
                cnn.Open();
            OleDbCommand cmd = new OleDbCommand(strSql, cnn);
            rdr = cmd.ExecuteReader();
            dtl = new DataTable();
            while (rdr.Read())
            {
                //只有 read 后才能获取 FieldCount,所以先在 DataTable 添加列
                if (!(dtl.Columns.Count > 0))
                {
                    for (int i = 0; i < rdr.FieldCount; i++)
                    {
                        DataColumn col = new DataColumn(rdr.GetName(i));
                        col.DataType = rdr[i].GetType().ToString().
                        IndexOf("DBNull") >= 0 ? Type.
                        GetType("System.String") : rdr[i].GetType();
                        dtl.Columns.Add(col);
                    }
                }
                DataRow dr = dtl.NewRow();
                for (int i = 0; i < dtl.Columns.Count; i++)
                    dr[i] = rdr[i];
                dtl.Rows.Add(dr);
            }
            rdr.Close();
        }
        catch
        {
        }
        finally
        {
            cnn.Close();
        }
        return dtl;
    }
    public DataTable 查询结果集(string strSql)
    {
        DataTable dtl = null;
        OleDbDataReader rdr = null;
        try
        {
```

```csharp
            if (cnn1 == null)
                cnn1 = new OleDbConnection();
            if (cnn1.ConnectionString == "")
                cnn1.ConnectionString = this._连接字符串;
            if (cnn1.State != ConnectionState.Open)
                cnn1.Open();
            OleDbCommand cmd1 = new OleDbCommand(strSql, cnn1);
            rdr = cmd.ExecuteReader();
            dtl = new DataTable();
            while (rdr.Read())
            {
                //只有 read 后才能获取 FieldCount，所以先在 DataTable 添加列
                if (!(dtl.Columns.Count > 0))
                {
                    for (int i = 0; i < rdr.FieldCount; i++)
                    {
                        DataColumn col = new DataColumn(rdr.GetName(i));
                        col.DataType = rdr[i].GetType().ToString().
                            IndexOf("DBNull") >= 0 ? Type.
                            GetType("System.String") : rdr[i].GetType();
                        dtl.Columns.Add(col);
                    }
                }
                DataRow dr = dtl.NewRow();
                for (int i = 0; i < dtl.Columns.Count; i++)
                    dr[i] = rdr[i];
                dtl.Rows.Add(dr);
                rdr.Close();
            }
        }
        catch
        {
            dtl = null;
        }
        finally
        {
            cnn1.Close();
        }
        return dtl;
    }
    #endregion

    //插入记录
    #region insert(use CommandBuilder)
    /// <summary>
    /// 插入记录(用 OleDbCommandBuilder)
    /// </summary>
```

```csharp
/// <param name="tblName">数据表</param>
/// <param name="newRow">与表中字段对应的新行</param>
/// <returns>影响的行数</returns>
public static int insert(DataTable tblName, DataRow newRow)
{
    if (cnn.ConnectionString == "")
        cnn.ConnectionString = conStr;
    if (cnn.State != ConnectionState.Open)
        cnn.Open();
    int i = 0;
    try
    {
        //如何判断 OleDbDataAdapter 是否已经 Dispose
        //下面如果不生成新的 OleDbDataAdapter、OleDbCommandBuilder、OleDbCommand，
        //而用原来的全局 da、cb、cmd，则在一次操作中只能更新一张表
        OleDbDataAdapter daIn = new OleDbDataAdapter();
        OleDbCommandBuilder cbIn = new OleDbCommandBuilder(daIn);
        OleDbCommand cmdIn = new OleDbCommand("select * from "
                             + tblName.TableName, cnn);
        daIn.SelectCommand = cmdIn;

        //foreach (DataTable dt in da.TableMappings)
        //{
        //    if (dt.TableName!=tblName.TableName)
        //        dt.Clear();
        //}
        tblName.Rows.Add(newRow);
        i = daIn.Update(tblName);
    }
    catch (Exception ce)
    {
        Console.WriteLine("产生错误:\n{0}", ce.Message);
    }
    finally
    {
        cnn.Close();
    }
    return i;
}
public int 插入记录(DataTable tblName, DataRow newRow)
{
    if (cnn1.ConnectionString == "")
        cnn1.ConnectionString = this._连接字符串;
    if (cnn1.State != ConnectionState.Open)
        cnn1.Open();
    int i = 0;
    try
```

```csharp
            {
                //如何判断 OleDbDataAdapter 是否已经 Dispose
                //下面如果不生成新的 OleDbDataAdapter、OleDbCommandBuilder、OleDbCommand，
                  而用原来的全局 da、cb、cmd，则在一次操作中只能更新一张表
                OleDbDataAdapter daIn = new OleDbDataAdapter();
                OleDbCommandBuilder cbIn = new OleDbCommandBuilder(daIn);
                OleDbCommand cmdIn = new OleDbCommand("select * from "
                                    + tblName.TableName, cnn1);
                daIn.SelectCommand = cmdIn;
                //foreach (DataTable dt in da.TableMappings)
                //{
                //    if (dt.TableName!=tblName.TableName)
                //       dt.Clear();
                //}
                tblName.Rows.Add(newRow);
                i = daIn.Update(tblName);
            }
            catch (Exception ce)
            {
                Console.WriteLine("产生错误:\n{0}", ce.Message);
            }
            finally
            {
                cnn.Close();
            }
        cnn.Close();
        return i;
}
#endregion insert(use CommandBuilder)
//删除
#region del(use CommandBuilder)
/// <summary>
/// 删除记录
/// </summary>
/// <param name="tblName">数据表</param>
/// <returns>影响的行数</returns>
public int delete(DataTable tblName)
{
    int rows = 0;
    //用 OleDbDataAdapter.Update 方法自动更新必须在 where 中存在主键或唯一值
    try
    {
        cnn.Open();
        rows = tblName.Rows.Count;
        for (int i = 0; i < tblName.Rows.Count; i++)
        {
            tblName.Rows[i].Delete();
```

```csharp
            }
            //注意，如在 da.Update 前面用了下面的 AcceptChanges()方法，因为记录被删除--
              更新到数据库失败
            //tblName.AcceptChanges();
            da.Update(tblName);
        }
        catch (Exception ce)
        {
            Console.WriteLine("产生错误:\n{0}", ce.Message);
        }
        finally
        {
            cnn.Close();
        }
        //用 OleDbCommand 直接更新
        //try
        //{
        //    string str="delete   from "+tblName.TableName+" where "+strDel;
        //    cnn.Open();
        //    OleDbCommand cmdD=new OleDbCommand(str,cnn);
        //    cmdD.CommandType=CommandType.Text;
        //    rows=cmdD.ExecuteNonQuery();
        //}
        //catch(Exception ce)
        //{
        //    Console.WriteLine("产生错误:\n{0}",ce.Message);
        //}
        //finally
        //{
        //    cnn.Close();
        //}
        return rows;
    }
    #endregion del(use CommandBuilder)

    #region 用 Command 直接执行 SQL 命令
    /// <summary>
    /// 用 SQL 语句修改
    /// </summary>
    /// <param name="strUp">SQL 语句</param>
    /// <returns>影响的行数</returns>
    public static int Exec(string strUp)
    {
        int i = 0;
        try
        {
            if (cnn == null)
```

```csharp
                cnn = new OleDbConnection();
            if (cnn.ConnectionString == "")
                cnn.ConnectionString = conStr;
            if (cnn.State != ConnectionState.Open)
                cnn.Open();
            OleDbCommand cmd = new OleDbCommand(strUp, cnn);
            i = cmd.ExecuteNonQuery();
        }
        catch
        {
            i = -1;
        }
        finally
        {
            cnn.Close();
        }
        return i;
    }
    public int 执行SQL(string strUp)
    {
        int i = 0;
        try
        {
            if (cnn1 == null)
                cnn1 = new OleDbConnection();
            if (cnn1.ConnectionString == "")
                cnn1.ConnectionString = this._连接字符串;
            if (cnn1.State != ConnectionState.Open)
                cnn1.Open();
            cmd1 = new OleDbCommand(strUp, cnn1);
            i = cmd.ExecuteNonQuery();
        }
        catch
        {
        }
        finally
        {
            cnn1.Close();
        }
        return i;
    }
    #endregion

    //插入、修改、删除
    #region 构造 Adapter 更新到数据库(DataTable)
    #region updateCmd
    /// <summary>
```

```csharp
/// 构造 DataAdapter 的 UpdateCommand 对象
/// </summary>
/// <param name="dtl">DataTable 参数</param>
/// <returns>OleDbCommand</returns>
private static OleDbCommand createUpdateCommand(DataTable dtl)
{
    OleDbCommand upCmd = new OleDbCommand();
    upCmd.Connection = cnn;
    string updateSQL = "UPDATE " + dtl.TableName + " SET ";
    string whereSQL = " WHERE ";
    for (int i = 0; i < dtl.Columns.Count; i++)
    {
        OleDbParameter myPara = new OleDbParameter();
        if (!checkColumnName(dtl.Columns[i].ColumnName))
            return null;
        myPara.ParameterName = "@" + dtl.Columns[i].ColumnName;
        //string str=dtl.Columns[i].DataType.ToString();
        //if(dtl.Columns[i].DataType.ToString().IndexOf("DateTime")>0)
        //myPara.OleDbType=OleDbType.DBTimeStamp;
        //else if(dtl.Columns[i].DataType.ToString().IndexOf("Byte")>=0)
        //myPara.OleDbType=OleDbType.Binary;
        //else
        myPara.DbType = GetDbType(dtl.Columns[i].DataType);
        myPara.SourceColumn = dtl.Columns[i].ColumnName;
        upCmd.Parameters.Add(myPara);
        updateSQL += string.Format("{0}=?,", dtl.Columns[i].ColumnName);
        whereSQL += string.Format("(({0}=?) OR (? IS NULL AND {0} IS NULL)) AND ",
            dtl.Columns[i].ColumnName);
    }
    for (int i = 0; i < dtl.Columns.Count; i++)
    {
        OleDbParameter myPara1 = new OleDbParameter();
        myPara1.ParameterName = "or1" + dtl.Columns[i].ColumnName;
        //if(dtl.Columns[i].DataType.ToString().IndexOf("DateTime")>=0)
        //myPara1.OleDbType=OleDbType.DBTimeStamp;
        //else if(dtl.Columns[i].DataType.ToString().IndexOf("Byte")>=0)
        //myPara1.OleDbType=OleDbType.Binary;
        //else
        //myPara1.OleDbType = GetOleDbType(dtl.Columns[i].DataType.ToString());
        myPara1.DbType = GetDbType(dtl.Columns[i].DataType);
        myPara1.Direction = ParameterDirection.Input;
        myPara1.SourceColumn = dtl.Columns[i].ColumnName;
        myPara1.SourceVersion = DataRowVersion.Original;
        upCmd.Parameters.Add(myPara1);
        OleDbParameter myPara2 = new OleDbParameter();
        myPara2.ParameterName = "or2" + dtl.Columns[i].ColumnName;
        //string str=dtl.Columns[i].DataType.ToString();
```

```csharp
        //if(dtl.Columns[i].DataType.ToString().IndexOf("DateTime")>=0)
        //myPara2.OleDbType=OleDbType.DBTimeStamp;
        //else if(dtl.Columns[i].DataType.ToString().IndexOf("Byte")>=0)
        //myPara1.OleDbType=OleDbType.Binary;
        //else
        //myPara2.DbType = GetDbType(dtl.Columns[i].DataType);
        myPara2.DbType = GetDbType(dtl.Columns[i].DataType);
        myPara2.Direction = ParameterDirection.Input;
        myPara2.SourceColumn = dtl.Columns[i].ColumnName;
        myPara2.SourceVersion = DataRowVersion.Original;
        upCmd.Parameters.Add(myPara2);
    }
    upCmd.CommandText = updateSQL.Substring(0, updateSQL.Length - 1)
                    + whereSQL.Substring(0, whereSQL.Length - 4);
    int j = upCmd.Parameters.Count;
    return upCmd;
}
private OleDbCommand 生成UpdateCommand(DataTable dtl)
{
    OleDbCommand upCmd = new OleDbCommand();
    upCmd.Connection = cnn1;
    string updateSQL = "UPDATE " + dtl.TableName + " SET ";
    string whereSQL = " WHERE ";
    for (int i = 0; i < dtl.Columns.Count; i++)
    {
        OleDbParameter myPara = new OleDbParameter();
        myPara.ParameterName = "@" + dtl.Columns[i].ColumnName;
        myPara.DbType = GetDbType(dtl.Columns[i].DataType);
        myPara.SourceColumn = dtl.Columns[i].ColumnName;

        upCmd.Parameters.Add(myPara);
        updateSQL += string.Format("{0}=?,", dtl.Columns[i].ColumnName);
            whereSQL += string.Format("(({0}=?) OR (? IS NULL AND {0} IS NULL)) AND ",
                    dtl.Columns[i].ColumnName);
    }
    for (int i = 0; i < dtl.Columns.Count; i++)
    {
        OleDbParameter myPara1 = new OleDbParameter();
        myPara1.ParameterName = "or1" + dtl.Columns[i].ColumnName;
        myPara1.DbType = GetDbType(dtl.Columns[i].DataType);
        myPara1.Direction = ParameterDirection.Input;
        myPara1.SourceColumn = dtl.Columns[i].ColumnName;
        myPara1.SourceVersion = DataRowVersion.Original;
        upCmd.Parameters.Add(myPara1);
        OleDbParameter myPara2 = new OleDbParameter();
        myPara2.ParameterName = "or2" + dtl.Columns[i].ColumnName;
        string str = dtl.Columns[i].DataType.ToString();
```

```csharp
                myPara1.DbType = GetDbType(dtl.Columns[i].DataType);
                myPara2.Direction = ParameterDirection.Input;
                myPara2.SourceColumn = dtl.Columns[i].ColumnName;
                myPara2.SourceVersion = DataRowVersion.Original;
                upCmd.Parameters.Add(myPara2);
        }
        upCmd.CommandText = updateSQL.Substring(0, updateSQL.Length - 1)
                            + whereSQL.Substring(0, whereSQL.Length - 4);
        int j = upCmd.Parameters.Count;
        return upCmd;
    }
    #endregion
    #region deleteCmd
    /// <summary>
    /// 构造 DataAdapter 的 DeleteCommand 对象
    /// </summary>
    /// <param name="dtl">DataTable 参数</param>
    /// <returns>OleDbCommand</returns>
    private static OleDbCommand createDelCommand(DataTable dtl)
    {
        OleDbCommand delCmd = new OleDbCommand();
        delCmd.Connection = cnn;
        string sqlStr = "delete from " + dtl.TableName.ToString() + " where ";
        for (int i = 0; i < dtl.Columns.Count; i++)
        {
            sqlStr += "([" + dtl.Columns[i].ColumnName + "] = ? OR ? IS NULL AND [" +
                        dtl.Columns[i].ColumnName + "] IS NULL) AND";
            OleDbParameter myPara = new OleDbParameter();
            myPara.ParameterName = "or1_" + dtl.Columns[i].ColumnName;
            myPara.DbType = GetDbType(dtl.Columns[i].DataType);
            myPara.Direction = ParameterDirection.Input;
            myPara.SourceColumn = dtl.Columns[i].ColumnName;
            myPara.SourceVersion = DataRowVersion.Original;
            delCmd.Parameters.Add(myPara);
            int j = delCmd.Parameters.Count;
            bool b = dtl.Columns[i].AllowDBNull;
            //为何 deleteCommnand 对象的 OleDbParameter 要重复添加?否则报错
            if (b)
            {
                OleDbParameter myPara1 = new OleDbParameter();
                myPara1.ParameterName = "or2_" + dtl.Columns[i].ColumnName;
                myPara1.DbType = GetDbType(dtl.Columns[i].DataType);
                myPara1.Direction = ParameterDirection.Input;
                myPara1.SourceColumn = dtl.Columns[i].ColumnName;
                myPara1.SourceVersion = DataRowVersion.Original;
                delCmd.Parameters.Add(myPara1);
                j = delCmd.Parameters.Count;
```

```csharp
            }
        }
        sqlStr = sqlStr.Substring(0, sqlStr.Length - 3);
        delCmd.CommandText = sqlStr;
        return delCmd;
    }
    private OleDbCommand 生成 DelCommand(DataTable dtl)
    {
        OleDbCommand delCmd = new OleDbCommand();
        delCmd.Connection = cnn1;
        string sqlStr = "delete from " + dtl.TableName.ToString() + " where ";
        for (int i = 0; i < dtl.Columns.Count; i++)
        {
            sqlStr += "([" + dtl.Columns[i].ColumnName + "] = ? OR ? IS NULL AND [" +
                dtl.Columns[i].ColumnName + "] IS NULL) AND";
            OleDbParameter myPara = new OleDbParameter();
            myPara.ParameterName = "or1_" + dtl.Columns[i].ColumnName;
            myPara.DbType = GetDbType(dtl.Columns[i].DataType);
            myPara.Direction = ParameterDirection.Input;
            myPara.SourceColumn = dtl.Columns[i].ColumnName;
            myPara.SourceVersion = DataRowVersion.Original;
            delCmd.Parameters.Add(myPara);
            int j = delCmd.Parameters.Count;
            bool b = dtl.Columns[i].AllowDBNull;
            //为何 deleteCommnand 对象的 OleDbParameter 要重复添加?否则报错
            if (b)
            {
                OleDbParameter myPara1 = new OleDbParameter();
                myPara1.ParameterName = "or2_" + dtl.Columns[i].ColumnName;
                myPara1.DbType = GetDbType(dtl.Columns[i].DataType);
                myPara1.Direction = ParameterDirection.Input;
                myPara1.SourceColumn = dtl.Columns[i].ColumnName;
                myPara1.SourceVersion = DataRowVersion.Original;
                delCmd.Parameters.Add(myPara1);
                j = delCmd.Parameters.Count;
            }
        }
        sqlStr = sqlStr.Substring(0, sqlStr.Length - 3);
        delCmd.CommandText = sqlStr;
        return delCmd;
    }
    #endregion
    #region insertCmd
    private static OleDbCommand createInsertCommand(DataTable dtl)
    {
        OleDbCommand insertCmd = new OleDbCommand();
        insertCmd.Connection = cnn;
```

```csharp
string sqlStr = "INSERT INTO " + dtl.TableName.ToString() + "(";
//access 数据库
if (isAccessDB)
{
    for (int i = 0; i < dtl.Columns.Count; i++)
    {
        sqlStr = sqlStr + dtl.Columns[i].ColumnName + ",";
        OleDbParameter myPara = new OleDbParameter();
        myPara.ParameterName = dtl.Columns[i].ColumnName;
        myPara.DbType = GetDbType(dtl.Columns[i].DataType);
        myPara.SourceColumn = dtl.Columns[i].ToString();
        insertCmd.Parameters.Add(myPara);
    }
    sqlStr = sqlStr.Substring(0, sqlStr.Length - 1) + ") VALUES(";
    for (int i = 0; i < dtl.Columns.Count; i++)
    {
        sqlStr = sqlStr + "?,";
    }
    sqlStr = sqlStr.Substring(0, sqlStr.Length - 1) + ")";
}
else
{
    //先判断表中是否有 Identity 列
    DataTable dtlTemp = operateDB.execSql("Select name from syscolumns Where
                        autoval Is Not Null And id " +"= object_id('" + dtl.TableName +
                        "')");
    for (int i = 0; i < dtl.Columns.Count; i++)
    {
        if(!(dtlTemp.Rows.Count>0)||dtlTemp.Rows[0][0].ToString()!=
            dtl.Columns[i].ColumnName)
        {
            sqlStr = sqlStr + dtl.Columns[i].ColumnName + ",";
            OleDbParameter myPara = new OleDbParameter();
            myPara.ParameterName = dtl.Columns[i].ColumnName;
            myPara.DbType = GetDbType(dtl.Columns[i].DataType);
            myPara.SourceColumn = dtl.Columns[i].ToString();
            insertCmd.Parameters.Add(myPara);
        }
    }
    sqlStr = sqlStr.Substring(0, sqlStr.Length - 1) + ") VALUES(";
    for (int i = 0; i < dtl.Columns.Count; i++)
    {
        if(!(dtlTemp.Rows.Count>0)||dtlTemp.Rows[0][0].ToString()!=
            dtl.Columns[i].ColumnName)
        sqlStr = sqlStr + "?,";
    }
    sqlStr = sqlStr.Substring(0, sqlStr.Length - 1) + ")";
```

```csharp
                insertCmd.CommandText = sqlStr;
            }
            insertCmd.CommandText = sqlStr;
            return insertCmd;
    }

    private OleDbCommand 生成InsertCommand(DataTable dtl)
    {
        OleDbCommand insertCmd = new OleDbCommand();
        insertCmd.Connection = cnn1;
        string sqlStr = "INSERT INTO " + dtl.TableName.ToString() + "(";
        //access 数据库
        if (isAccessDB)
        {
            for (int i = 0; i < dtl.Columns.Count; i++)
            {
                sqlStr = sqlStr + dtl.Columns[i].ColumnName + ",";
                OleDbParameter myPara = new OleDbParameter();
                myPara.ParameterName = dtl.Columns[i].ColumnName;
                myPara.DbType = GetDbType(dtl.Columns[i].DataType);
                myPara.SourceColumn = dtl.Columns[i].ToString();
                insertCmd.Parameters.Add(myPara);
            }
            sqlStr = sqlStr.Substring(0, sqlStr.Length - 1) + ") VALUES(";
            for (int i = 0; i < dtl.Columns.Count; i++)
            {
                sqlStr = sqlStr + "?,";
            }
            sqlStr = sqlStr.Substring(0, sqlStr.Length - 1) + ")";
        }
        else
        {
            //先判断表中是否有 Identity 列
                DataTable dtlTemp = operateDB.execSql("Select name from syscolumns Where
                            autoval Is Not Null And id " +"= object_id('" + dtl.TableName + 
                            "')");
            for (int i = 0; i < dtl.Columns.Count; i++)
            {
                if (!(dtlTemp.Rows.Count > 0) ||
                dtlTemp.Rows[0][0].ToString() != dtl.Columns[i].ColumnName)
                {
                    sqlStr = sqlStr + dtl.Columns[i].ColumnName + ",";
                    OleDbParameter myPara = new OleDbParameter();
                    myPara.ParameterName = dtl.Columns[i].ColumnName;
                    myPara.DbType = GetDbType(dtl.Columns[i].DataType);
                    myPara.SourceColumn = dtl.Columns[i].ToString();
                    insertCmd.Parameters.Add(myPara);
```

```csharp
                    }
                }
                sqlStr = sqlStr.Substring(0, sqlStr.Length - 1) + ") VALUES(";
                for (int i = 0; i < dtl.Columns.Count; i++)
                {
                    if (!(dtlTemp.Rows.Count > 0) || dtlTemp.Rows[0][0].ToString() !
                        = dtl.Columns[i].ColumnName)
                        sqlStr = sqlStr + "?,";
                }
                sqlStr = sqlStr.Substring(0, sqlStr.Length - 1) + ")";
                insertCmd.CommandText = sqlStr;
            }
            insertCmd.CommandText = sqlStr;
            return insertCmd;
        }
        #endregion

        /// <summary>
        /// 插入、修改、删除
        /// </summary>
        /// <param name="tblName">要更新的 DataTable</param>
        /// <returns>影响的行数</returns>
        public static int update(DataTable tblName)
        {
            int i = 0;
            OleDbDataAdapter daUp = new OleDbDataAdapter();
            try
            {
                daUp.UpdateCommand = createUpdateCommand(tblName);
                daUp.DeleteCommand = createDelCommand(tblName);
                daUp.InsertCommand = createInsertCommand(tblName);
                i = daUp.Update(tblName);
            }
            catch
            {
                i = -1;
            }
            return i;
        }
        public int 更新到数据库(DataTable tblName)
        {
            int i = 0;
            OleDbDataAdapter daUp = new OleDbDataAdapter();
            try
            {
                daUp.UpdateCommand = this.生成 UpdateCommand(tblName);
                daUp.DeleteCommand = this.生成 DelCommand(tblName);
```

```csharp
            daUp.InsertCommand = this.生成 InsertCommand(tblName);
            i = daUp.Update(tblName);
        }
        catch
        {
            i = -1;
        }
        return i;
    }
    #endregion
    #region 构造 Adapter 更新到数据库(DataSet)
    public static int update(DataSet dsName)
    {
        int i = 0;
        OleDbDataAdapter[] daUp = new OleDbDataAdapter[dsName.Tables.Count];
        for (int j = 0; j < daUp.Length; j++)
        {
            daUp[j] = new OleDbDataAdapter();
            daUp[j].UpdateCommand = createUpdateCommand(dsName.Tables[j]);
            daUp[j].DeleteCommand = createDelCommand(dsName.Tables[j]);
            daUp[j].InsertCommand = createInsertCommand(dsName.Tables[j]);
            i += daUp[j].Update(dsName.Tables[j]);
        }
        return i;
    }

    public int 更新到数据库(DataSet dsName)
    {
        int i = 0;
        OleDbDataAdapter[] daUp = new OleDbDataAdapter[dsName.Tables.Count];
        for (int j = 0; j < daUp.Length; j++)
        {
            daUp[j] = new OleDbDataAdapter();
            daUp[j].UpdateCommand = this.生成 UpdateCommand(dsName.Tables[j]);
            daUp[j].DeleteCommand = this.生成 DelCommand(dsName.Tables[j]);
            daUp[j].InsertCommand = this.生成 InsertCommand(dsName.Tables[j]);
            i += daUp[j].Update(dsName.Tables[j]);
        }
        return i;
    }
    #endregion
    #region 构造 Adapter 更新到数据库(事务处理)

    #region selectCmd
    /// <summary>
    /// 构造 selectCommand 对象
    /// </summary>
```

```csharp
/// <param name="strSql">查询的 SQL 命令</param>
/// <returns>OleDbCommand 对象</returns>
public OleDbCommand createSelectCmd(string strSql)
{
    OleDbCommand selectCmd = new OleDbCommand();
    selectCmd.Connection = cnn;
    selectCmd.CommandText = strSql;
    return selectCmd;
}
#endregion
//事物处理时 identity 列不能通过 SQL 语句动态判断,所以重新构造 insertCmd
#region insertCmd(事物处理)
/// <summary>
/// 生成用于事务处理中的 InsertCommand
/// </summary>
/// <param name="dtl">DataTable</param>
/// <param name="identityColumnName">identity 列名</param>
/// <returns>OleDbCommand</returns>
private static OleDbCommand createInsertCommand(DataTable dtl,
    string identityColumnName)
{
    OleDbCommand insertCmd = new OleDbCommand();
    insertCmd.Connection = cnn;
    string sqlStr = "INSERT INTO " + dtl.TableName.ToString() + "(";
    for (int i = 0; i < dtl.Columns.Count; i++)
    {
        if (dtl.Columns[i].ColumnName != identityColumnName)
        {
            sqlStr = sqlStr + dtl.Columns[i].ColumnName + ",";
            OleDbParameter myPara = new OleDbParameter();
            myPara.ParameterName = dtl.Columns[i].ColumnName;
            myPara.DbType = GetDbType(dtl.Columns[i].DataType);
            myPara.SourceColumn = dtl.Columns[i].ToString();
            insertCmd.Parameters.Add(myPara);
        }
    }
    sqlStr = sqlStr.Substring(0, sqlStr.Length - 1) + ") VALUES(";
    for (int i = 0; i < dtl.Columns.Count; i++)
    {
        if (dtl.Columns[i].ColumnName != identityColumnName)
            sqlStr = sqlStr + "?,";
    }
    sqlStr = sqlStr.Substring(0, sqlStr.Length - 1) + ")";
    insertCmd.CommandText = sqlStr;
    return insertCmd;
}
#endregion
```

```csharp
#region CREATEADAPTER
/// <summary>
/// 生成 Adapter 的查询、插入、修改、删除 command 对象
/// </summary>
/// <param name="tblName">DataTable</param>
/// <param name="trs">事务处理的 OleDbTransaction 对象</param>
/// <param name="selectSql">查询表的 SQL 命令</param>
/// <param name="IdenColumnName">表中 identity 列的名字</param>
/// <returns>OleDbDataAdapter 对象</returns>
public OleDbDataAdapter createAdapter(DataTable tblName,
    OleDbTransaction trs, string selectSql, string IdenColumnName)
{
    OleDbDataAdapter daUp = new OleDbDataAdapter();
    try
    {
        daUp.SelectCommand = createSelectCmd(selectSql);
        daUp.SelectCommand.Transaction = trs;
        daUp.Fill(tblName);
        daUp.UpdateCommand = createUpdateCommand(tblName);
        daUp.UpdateCommand.Transaction = trs;
        daUp.DeleteCommand = createDelCommand(tblName);
        daUp.DeleteCommand.Transaction = trs;
        daUp.InsertCommand = createInsertCommand(tblName, IdenColumnName);
        daUp.InsertCommand.Transaction = trs;
    }
    catch
    {
    }
    return daUp;
}
#endregion
#endregion
//插入记录
#region insert(use InsideTransaction,DataTable[])

/// <summary>
/// 同时更新多表
/// </summary>
/// <param name="tbls">数据表集</param>
/// <param name="newRows">插入行集</param>
/// <returns></returns>
public static string insert(DataTable[] tbls, DataRow[] newRows)
{
    int[] num = new int[tbls.Length];
    int sum = 0;
    bool judge = false;
    string str = "";
```

```csharp
            if (tbls.Length == newRows.Length)
            {
                cnn.Open();
                OleDbTransaction tran = cnn.BeginTransaction();
                for (int i = 0; i < tbls.Length; i++)
                {
                    //this.select(tbls[i],"1=1",tran);
                    da.InsertCommand = createInsertCommand(tbls[i], "");

                    tbls[i].Rows.Add(newRows[i]);
                    da.InsertCommand.Transaction = tran;
                    //try
                    //{
                    num[i] = da.Update(tbls[i]);
                    sum += num[i];
                    //}
                    //catch
                    //{
                    //sum=-1;
                    //}

                    if (num[i] == 0)
                        judge = true;
                }
                if (judge)
                {
                    tran.Rollback();
                    str = "更新失败";
                    sum = 0;
                }
                else
                {
                    tran.Commit();
                    str = "更新成功";
                }
            }
            cnn.Close();
            return str + ",影响了 " + sum.ToString() + " 条记录";
}
#endregion insert(use InsideTransaction,DataTable[])

//调用存储过程
#region execProc(return dataTable)
//    /// <summary>
//    /// 执行存储过程
//    /// </summary>
//    /// <param name="procName">存储过程名字</param>
```

```
//    /// <param name="ParaValue">参数的值</param>
//    /// <param name="ParaName">参数名字</param>
//    /// <param name="ParaType">参数的类型</param>
//    /// <returns></returns>
//    public DataTable ExecProc(string procName,string[] ParaValue,string[] ParaName,string[] ParaType)
//    {
//       OleDbCommand cmdp=new OleDbCommand();
//       cmdp.Connection=cnn;
//       cmdp.CommandType=CommandType.StoredProcedure;
//       cmdp.CommandText=procName;
//
//       for (int i=0;i<ParaName.Length;i++)
//       {
//          OleDbParameter pt=new OleDbParameter();
//
//          ParaName[i]="@"+ParaName[i];
//
//          //参数名字
//          //pt.ParameterName=ParaName[i];
//          pt.SourceColumn=ParaName[i];
//
//          pt.OleDbType=GetOleDbType(ParaType[i]);
//
//          pt.Value=ParaValue[i];
//
//          cmdp.Parameters.Add(pt);
//
//       }
//
//       DataTable dtl=new DataTable();
//       cnn.Open();
//
//       da.SelectCommand=cmdp;
//       da.Fill(dtl);
//       cnn.Close();
//       return dtl;
//
//    }

/// <summary>
/// 执行存储过程
/// </summary>
/// <param name="procName">存储过程名字</param>
/// <param name="ParaValue">参数的值</param>
/// <param name="ParaName">参数名字</param>
/// <param name="ParaType">参数的类型</param>
```

```csharp
/// <returns></returns>
public string ExecProc(string procName, string[] ParaValue,
    string[] ParaName, string[] ParaType)
{
    OleDbCommand cmdp = new OleDbCommand();
    cmdp.Connection = cnn;
    cmdp.CommandType = CommandType.StoredProcedure;
    cmdp.CommandText = procName;
    string strOut = "";
    for (int i = 0; i < ParaValue.Length; i++)
    {
        OleDbParameter pt = new OleDbParameter();
        ParaName[i] = "@" + ParaName[i];
        //参数名字
        //pt.ParameterName=ParaName[i];
        pt.SourceColumn = ParaName[i];
        pt.DbType = GetDbType(ParaType[i].GetType());
        pt.Value = ParaValue[i];
        pt.Direction = ParameterDirection.Input;
        cmdp.Parameters.Add(pt);
    }
    if ((ParaName.Length - ParaValue.Length) == 1 && ParaType.Length == ParaName.Length)
    {
        OleDbParameter pt = new OleDbParameter();
        ParaName[ParaName.Length - 1] = "@" + ParaName[ParaName.Length - 1];
        //参数名字
        //pt.ParameterName=ParaName[ParaName.Length-1];
        pt.SourceColumn = ParaName[ParaName.Length - 1];
        pt.DbType = GetDbType(ParaType[ParaName.Length - 1].GetType());
        pt.Direction = ParameterDirection.Output;
        cmdp.Parameters.Add(pt);
    }
    cnn.Open();

    DataTable dtl = new DataTable();
    da.SelectCommand = cmdp;
    da.RowUpdated += new OleDbRowUpdatedEventHandler(da_RowUpdated);
    da.Fill(dtl);
    da.Update(dtl);
    if ((ParaName.Length - ParaValue.Length) == 1 && ParaType.Length == ParaName.Length)
        strOut = cmdp.Parameters[ParaName.Length - 1].Value.ToString();
    cnn.Close();
    return strOut;
}

private static System.Data.DbType GetDbType(Type type)
{
```

```csharp
            DbType result = DbType.String;
            if (type.Equals(typeof(int)) || type.IsEnum)
                result = DbType.Int32;
            else if (type.Equals(typeof(long)))
                result = DbType.Int32;
            else if (type.Equals(typeof(double)) || type.Equals(typeof(Double)))
                result = DbType.Decimal;
            else if (type.Equals(typeof(DateTime)))
                result = DbType.DateTime;
            else if (type.Equals(typeof(bool)))
                result = DbType.Boolean;
            else if (type.Equals(typeof(string)))
                result = DbType.String;
            else if (type.Equals(typeof(decimal)))
                result = DbType.Decimal;
            else if (type.Equals(typeof(byte[])))
                result = DbType.Binary;
            else if (type.Equals(typeof(Guid)))
                result = DbType.Guid;
            return result;
        }

        private static bool checkColumnName(string colName)
        {
            if (colName.IndexOfAny(new char[] { '(', ')', '\'', '\"' }) > 0)
            {
                //MessageBox.Show("列名包含非法字符！");
                return false;
            }
            return true;
        }

        private void da_RowUpdated(object sender, OleDbRowUpdatedEventArgs e)
        {
            if ((e.Status == UpdateStatus.Continue) && (e.StatementType == StatementType.Insert))
            {
                e.Row["编号"] = (int)cmdGetIdentity.ExecuteScalar();
                e.Row.AcceptChanges();
            }
        }
        #endregion execProc(return dataTable)
        //修改数据库结构
        #region amendDataBase
        /// <summary>
        /// 修改数据库表的结构
        /// </summary>
        /// <param name="strSql">SQL 命令</param>
```

```csharp
public void alterTable(string strSql) //修改表的结构，更新到数据库
{
    cnn.Open();
    //OleDbCommand cmdS=new OleDbCommand("select * from "+tblName.TableName,cnn);
    //da.SelectCommand=cmdS;
    //OleDbCommandBuilder cb=new OleDbCommandBuilder(da);
    //DataColumn colItem = new DataColumn(strUp,Type.GetType("System.String"));
    //tblName.Columns.Add(colItem);
    //为什么上面的方法不行，只能直接用 SQL 语句吗？
    //da.Fill(tblName);
    //da.Update(tblName);
    cmd.CommandText = strSql;
    cmd.ExecuteNonQuery();
}

#endregion amendDataBase
//操作数据库对象
#region operateDataBase(DDL)
/// <summary>
/// 附加数据库
/// </summary>
/// <param name="strCon">连接字符串</param>
/// <param name="DBName">要生成的数据库名</param>
/// <param name="strMdf">mdf 文件位置</param>
/// <param name="strLdf">ldf 文件位置</param>
/// <returns></returns>
public bool attachDB(string strCon, string DBName, string strMdf, string strLdf)
{
    bool bl = true;
    try
    {
        cnn.ConnectionString = strCon;
        if (cnn.State != ConnectionState.Open)
            cnn.Open();
        cmd.Connection = cnn;
        cmd.CommandText = @"sp_attach_db";
        cmd.Parameters.Add(new OleDbParameter("@dbname", OleDbType.VarChar));
        cmd.Parameters["@dbname"].Value = DBName;
        cmd.Parameters.Add(new OleDbParameter("@filename1", OleDbType.VarChar));
        cmd.Parameters["@filename1"].Value = strMdf;
        cmd.Parameters.Add(new OleDbParameter("@filename2", OleDbType.VarChar));
        cmd.Parameters["@filename2"].Value = strLdf;
        cmd.CommandType = CommandType.StoredProcedure;
        cmd.ExecuteNonQuery();
    }
    catch
    {
        //MessageBox.Show(e.Message.ToString());
```

```csharp
            bl = false;
        }
        finally
        {
            cnn.Close();
        }
        return bl;
    }

    /// <summary>
    /// 分离数据库
    /// </summary>
    /// <param name="strCon">连接字符串</param>
    /// <param name="DBName">数据库名</param>
    /// <returns></returns>
    public bool detachDB(string strCon, string DBName)
    {
        bool bl = true;
        try
        {
            cnn.ConnectionString = strCon;
            if (cnn.State != ConnectionState.Open)
                cnn.Open();
            cmd.Connection = cnn;
            cmd.CommandText = @"sp_detach_db";
            cmd.Parameters.Add(new OleDbParameter("@dbname", OleDbType.VarChar));
            cmd.Parameters["@dbname"].Value = DBName;
            cmd.CommandType = CommandType.StoredProcedure;
            cmd.ExecuteNonQuery();
        }
        catch
        {
            bl = false;
        }
        finally
        {
            cnn.Close();
        }
        return bl;
    }
    /// <summary>
    /// 备份数据库
    /// </summary>
    /// <param name="strCon">连接字符串</param>
    /// <param name="DBName">数据库名</param>
    /// <param name="backupName">备份名</param>
    /// <param name="backupFile">备份文件位置</param>
    /// <returns></returns>
    public bool BackUpDB(string strCon, string DBName, string backupName, string backupFile)
```

```csharp
        {
            bool bl = true;
            try
            {
                cnn.ConnectionString = strCon;
                if (cnn.State != ConnectionState.Open)
                    cnn.Open();
                cmd.Connection = cnn;
                cmd.CommandText = @"BACKUP DATABASE " + DBName + " to disk='"
                                + backupFile + "'" +"WITH   NOINIT , NOUNLOAD , NAME = N'"
                                + backupName + "',   NOSKIP ,   STATS = 10,   NOFORMAT ";
                cmd.CommandType = CommandType.Text;
                cmd.ExecuteNonQuery();
            }
            catch
            {
                bl = false;
            }
            finally
            {
                cnn.Close();
            }
            return bl;
        }
        /// <summary>
        /// 还原数据库
        /// </summary>
        /// <param name="strCon">连接字符串</param>
        /// <param name="DBName">数据库名</param>
        /// <param name="backupFile">备份文件位置</param>
        /// <returns></returns>
        public bool restoreDB(string strCon, string DBName, string backupFile)
        {
            bool bl = true;
            try
            {
                cnn.ConnectionString = strCon;
                if (cnn.State != ConnectionState.Open)
                    cnn.Open();
                cmd.Connection = cnn;
                cmd.CommandText = @"RESTORE FILELISTONLY from disk='" + backupFile + "'";
                cmd.CommandType = CommandType.Text;
                cmd.ExecuteNonQuery();
            }
            catch
            {
                bl = false;
            }
            finally
```

```
            {
                cnn.Close();
            }
            return bl;
        }
        #endregion
    }
}
```

以上代码的长度是非常惊人的,它涵盖了绝大多数常见的 SQL 操作,包括执行增、删、改、查语句,甚至还包括存储过程、备份还原数据库的功能,此类一旦编写完成,可以在无数个项目中反复使用。从这一点上看,大家有没有感觉到工程化的伟大力量?

现在,利用该"通用数据访问"类提供的功能,我们可以为上面的数据库访问层的空代码实现其功能了。

9.2.4 改造业务逻辑层

业务逻辑层包含的全部方法都是功能方法,它只是负责调用数据访问层的,当我们修改了数据访问层之后,业务逻辑层的修改看起来就显得比较有条有理了,我们只需要逐个修改方法的实现代码,而不需要修改方法的声明(参数、名称、返回类型等)。

由于篇幅所限,我们仅取两处改动以做讲解,下面代码中,注释部分为上一单元实现的代码,粗体部分为新增代码。

```
public static int[] GetAllYears()
{
    List<Diary> diaList = data.GetAllDiary();
    List<int> result = new List<int>();
    foreach (Diary d in diaList)
    {
        if (result.Contains(d.Year))
        {
            continue;
        }
        result.Add(d.Year);
    }
    return result.ToArray();

    //DataView dvYear = new DataView(data.Diary);
    ////在数据视图中,找出不重复的年,将其返回一个新表(临时表)
    //DataTable dtyear = dvYear.ToTable(true, new string[] { "year" });

    //int[] result = new int[dtyear.Rows.Count];
    //for (int i = 0; i < result.Length; i++)
    //{
    //    result[i] = (int)dtyear.Rows[i][0];
    //}
```

```
        //return result;
}
```

　　此函数的功能是找出所有有日记的年份，原有写法是使用 DataView 的查询功能进行过滤，现在因为返回的是日记的集合，所以我们只需要对所有日记进行循环遍历，如果该日记的年份没有包含在临时变量 result 中，就加入进去，最后将临时变量返回。执行效果是一模一样的，但是从直观易读的角度而言，显然新改的代码更接近于人类的思维模式。
　　下面这段代码看起来就显得非常有对比性了。

```
public static void AddAtt(DiaryAtt att)
{
    data.AddDiaryAtt(att);
}

/// <summary>
///  未指定日期的日记添加附件
/// </summary>
/// <param name="date">附件所属日期</param>
/// <param name="discription">附件描述</param>
/// <param name="fileName">附件原始文件名</param>
/// <param name="bin">附件</param>
//public static void AddAtt(DateTime date, string discription, string fileName, byte[] buffer)
//{

//      DataView dvDiary = new DataView(data.Diary);
//      dvDiary.RowFilter = "year=" + date.Year + " and month=" + date.Month + " and day=" + date.Day;

//      if (dvDiary.Count == 0)
//      {
//          return;
//      }
//      int DiaryId = (int)dvDiary[0]["id"];

//      DataRow drAtt = data.DiaryAtt.NewRow();

//      drAtt["DiaryId"] = DiaryId;
//      drAtt["Discription"] = discription;
//      drAtt["FileSize"] = buffer.Length;
//      drAtt["AttBin"] = buffer;
//      drAtt["FileName"] = Path.GetFileName(fileName);
//      //将数据行，加入到数据表
//      data.DiaryAtt.Rows.Add(drAtt);
//      data.SaveData();
//}
```

　　以上代码实现的是新增一个日历附件的功能。由于有了实体对象作为数据的容器，所以函数的参数列表变得简短得多，由 4 个参数变成 1 个参数了，而且执行 BLL 的过程也非

常简单直接。不过，对于这样的修改，我们的表示层，即在窗体界面上调用时，就需要事先"装配"数据到一个 DiaryAtt 对象"容器中"，这个并不复杂，直接使用 new 关键字创建新的实例就可以了。

【单元小结】

- 实体类是三层之间数据传递的载体
- 使用泛型集合 List<T>返回实体类集合

【单元自测】

1. 使用(　　)返回多个实体类对象的集合。
   A. List<T>   B. string
   C. object   D. 数组
2. 实体类是根据数据表的(　　)来定义的。
   A. 索引器   B. 字段
   C. 主键   D. 外键
3. 在三层架构中实体类的作用是(　　)。
   A. 访问数据库   B. 保存数据
   C. 接收信息   D. 数据传递的载体

【上机实战】

上机目标

- 实体类的定义
- 使用实体类实现三层架构
- 调用存储过程实现数据库访问

上机练习

◆ 第一阶段 ◆

练习1：使用实体类实现班级信息查询

【问题描述】

假设有一个班级表存放着班级信息，一个学生表存放着学生信息，学生表是班级表的外键表。我们需要编写一个三层架构的程序实现班级信息的查询。

【问题分析】

改造 StudentSystem 解决方案，添加一个"类库"项目为 StudentModel，在该项目下添加班级信息表的实体类 Classes。在查询班级信息时返回泛型集合对象 List<Classes>。

【参考步骤】

(1) 在解决方案下添加新"类库"项目为 StudentModel，在 StudentModel 项目下添加班级信息实体类 Classes 如图 9-5 所示。

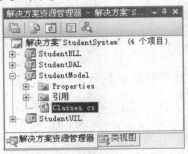

图 9-5

(2) 添加 StudentDAL、StudentBLL 和 StudentUIL 对 StudentModel 的引用。

(3) 在班级信息实体类文件 Classes.cs 中编写如下所示的代码。

```
using System;
using System.Collections.Generic;
using System.Text;

namespace StudentModel
{
    [Serializable]
    public class Classes
    {
        int classID;
        public int ClassID
        {
            get { return classID; }
            set { classID = value; }
        }

        string className;
        public string ClassName
        {
            get { return className; }
            set { className = value; }
        }
```

```csharp
        int studentsCount;
        public int StudentsCount
        {
            get { return studentsCount; }
            set { studentsCount = value; }
        }

        string gradeNo;
        public string GradeNo
        {
            get { return gradeNo; }
            set { gradeNo = value; }
        }
    }
}
```

(4) 在班级信息类的数据访问类 ClassService 中填写下面代码。

```csharp
using System;
using System.Collections.Generic;
using System.Linq;
using System.Text;
using System.Data;
using System.Data.SqlClient;
using StudentModel;

namespace StudentDAL
{
    public class ClassService
    {
        string connString ="server=.;database=students;Integrated Security=SSPI;";

        public List<Classes> getClasses()
        {
            SqlConnection conn = new SqlConnection(this.connString);
            SqlCommand cmd = new SqlCommand("select * from classinfo", conn);

            List<Classes> lists = new List<Classes>();
            SqlDataReader dr = null; ;
            try
            {
                conn.Open();
                dr = cmd.ExecuteReader();
                while (dr.Read())
                {
                    Classes classes = new Classes();
                    classes.ClassID = int.Parse(dr["ClassID"].ToString());
                    classes.ClassName = dr["ClassName"].ToString();
```

```
                    classes.StudentsCount = int.Parse(dr["StudentsCount"].ToString());
                    classes.GradeNo = dr["GradeNo"].ToString();
                    lists.Add(classes);
                }
            }
            catch (SqlException ex)
            {
                throw ex;
            }
            finally
            {
                dr.Close();
                conn.Close();
            }
            return lists;
        }
    }
}
```

(5) 业务逻辑层 StudentBLL 的 ClassManager 类非常简单，代码如下所示。

```
using System;
using System.Collections.Generic;
using System.Linq;
using System.Text;
using System.Data;
using StudentDAL;
using StudentModel;

namespace StudentBLL
{
    public class ClassManager
    {
        public List<Classes> getClasses()
        {
            return new ClassService().getClasses();
        }
    }
}
```

(6) 添加表示层代码，将数据绑定到显示控件，如下所示。

```
using System;
using System.Collections.Generic;
using System.ComponentModel;
using System.Data;
using System.Drawing;
using System.Linq;
using System.Text;
using System.Windows.Forms;
```

```csharp
using StudentBLL;
using StudentModel;

namespace StudentUIL
{
    public partial class frmClass : Form
    {
        public frmClass()
        {
            InitializeComponent();
            this.comboBox1.SelectedIndex = 0;
        }

        private void frmClass_Load(object sender, EventArgs e)
        {
            this.dataGridView1.DataSource = new ClassManager().getClasses();
        }
    }
}
```

(7) 编译执行，结果如图 9-6 所示。

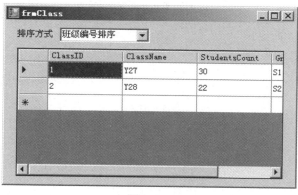

图 9-6

◆ **第二阶段** ◆

练习 2：完善上面示例中班级信息查询的排序功能。按照班级名称和班级人数进行排序。因为使用的是实体类，所以实现的方法和前面的完全不同(回顾 C#面向对象高级编程的相关章节)

【问题分析】
- 首先班级信息实体类 Classes 要实现泛型接口 IComparable<T>，提供可比较功能。
- 然后定义两个比较类，比较类要实现 IComparer<T>接口。

【拓展作业】

用面向对象的分层方式改写上一单元课后作业,实现 MDI 日记本的"选项"对话窗数据操作。